U0400621

Pearson

/ 心理学经典译丛 /

[美]
唐纳德 · H . 麦克伯尼
Donald H. Mcburney
著

孙弘毅
译

像心理学家一样思考：心理学中的批判性思维

How to Think Like a Psychologist: Critical Thinking in Psychology

(Second Edition)

华东师范大学出版社
全国百佳图书出版单位
上海

图书在版编目(CIP)数据

像心理学家一样思考:心理学中的批判性思维:第2版/(美)唐纳德·H.麦克伯尼著;孙弘毅译.—上海:华东师范大学出版社,2023

(心理学经典译丛)

ISBN 978-7-5760-4329-7

Ⅰ.①像… Ⅱ.①唐… ②孙… Ⅲ.①心理学—通俗读物 Ⅳ.①B84-49

中国国家版本馆CIP数据核字(2023)第231074号

心理学经典译丛

像心理学家一样思考:心理学中的批判性思维(第2版)

著　　者　(美)唐纳德·H.麦克伯尼
译　　者　孙弘毅
策划编辑　王　焰
责任编辑　曾　睿
责任校对　刘伟敏
装帧设计　膏泽文化

出版发行　华东师范大学出版社
社　　址　上海市中山北路3663号　邮编　200062
网　　址　www.ecnupress.com.cn
电　　话　021-60821666　行政传真　021-62572105
客服电话　021-62865537
门市(邮购)电话　021-62869887
地　　址　上海市中山北路3663号华东师范大学校内先锋路口
网　　店　http://hdsdcbs.tmall.com

印 刷 者　青岛新华印刷有限公司
开　　本　16开
印　　张　15.5
字　　数　180千字
版　　次　2024年11月第1版
印　　次　2024年11月第1次
书　　号　ISBN 978-7-5760-4329-7
定　　价　68.80元

出 版 人　王　焰

上海市版权局著作权合同登记 图字:09-2022-0697 号

序　言

很多时候,高等院校的学生们发现他们心理学入门课程的内容和方法与他们预期的大相径庭。其中一部分原因是他们中很少有人在高中时学习过心理学,但那些学习过心理学的学生似乎同样对这门课程感到陌生,甚至比高中生更加陌生。在教授了三十多年的心理学入门课程后,我认识到,学生对科学,尤其是心理学有很多误解,这些误解阻碍了他们对心理学的理解。

为此,我在课堂上花了很多时间来澄清这些误解。其中一个方法是让学生在课堂开始时提交书面问题让我回答。这让我有机会处理一些看似与课程无关,但会对我们理解课程材料造成重大障碍的问题。

本书回答了我的学生提出的一些最常见的问题。在这样做的过程中,试图通过直接处理学生的实际问题来激励他们。对他们问题的回答也阐明了心理学和科学哲学的原则,这些原则是学生们理解心理学的绊脚石。

本书的另一个灵感来自目前对教授批判性思维技能的关注。不少书籍以及学生似乎把一般的科学,特别是科学入门课程,当作考试时要掌握的内容。当然,心理学入门课程的重要任务之一是向学生介绍各种技术术语、研究范式和实验数据。但是,心理学课程的主要目标应该是让学生能像心理学家那样思考,像科学家那样将批判性技能应用于人类行为。

批判性思维是教育者试图灌输给学生的一些技能和态度的一个非常大的保护伞(e. g. ,Brookfield,1987)。教师们自古以来就有这些相同的目标。最近,一项针对学习过程的认知心理学研究(Resnick,1987, p. 36)论证了对心理学批判性思维教学意义的两个重大原则:(1) 批判性思维不是在抽象概念中学习的,而是在各学科的具体主题中学习的;(2)批判性思维所需的技能因学科而异。

> 人不能抽象地进行推理;人必须对某些具体事物进行推理……每个学科有其独特的思维和推理方式……例如,物理学中的问题推理与解决是由归纳和演绎推理的特定组合、诉诸数学测试,以及由新理论必须解释的大量议定的事实形成的。在社会科学领域,严密的推理和问题解决更多的是受到修辞论辩、权衡替代方案以及案例构造传统的影响……更高水平的批判性思维技能只能在具体的学科中才能学会。

我相信,本书所给出的问题的答案,为帮助学生发展像心理学家那样思考的必要技能提供了一种能够激发学生积极性的方式。

本书对批判性思维采取的教学方法与众不同。书中的各个主题,并不像通常的说教那样把批判性思维的各种特征简单罗列成技能表格,这

样显得太泛泛而谈了。相反,本书对批判性思维的过程进行了示范,并鼓励学生参与其中。约翰·麦克佩克(John McPeck,1990, p. 42)说:

> 我认为,"批判性思维"指的是我们可能认为的某种意愿或倾向(如果你愿意,亦可称之为"态度")和特定的知识、技能的某种结合体,以一种反思性的怀疑主义态度从事实践活动或解决问题(重点在原文)。

反思性的怀疑主义态度在我们的教育系统中没有得到充分的鼓励,我在本书的导言中对原因进行了讨论。

本书对某些有争议的问题,如超自然现象采取了鲜明的立场。我相信,书中陈述的原则和采取的立场都在学术性、以研究为基础的心理学的主流范围内。因此,本书与典型的心理学入门教材和心理学课程导师的观点相一致。然而,心理学是一个多相的领域,很难反映所有的观点,而且其中有些观点是相互矛盾的。

我试图在批判性思维和开放性思维之间取得平衡。保罗和诺西奇(Paul & Nosich, 1991, p. 5)将以下内容列为批判性思维的一部分:"公正意识,智识谦逊……愿意听到反对意见,设身处地地从他人角度考虑问题,并认识到自己的自我中心主义或民族中心主义。"即使我不可避免地未能达成这些理想,我的经验是,学生们很喜欢了解我在某个问题上的立场。他们足够成熟,不会全盘接受我的所有观点。

本书试图展现心理学家工作的共同哲学传统。总的来说,我没有试图展示现代科学理论体系的最新进展。因为这是一本为心理学初学者准备的书,所以我把更细微的问题留待以后研究。

本书是按照心理学入门书中最常见的章节顺序设计的。这些素材可以与文本一起分配,并在课堂上或在背诵部分进行讨论。每一章节末尾的练习旨在邀请读者应用刚才讨论的内容。本书也适合学习心理学研究方法、心理学历史以及其他高级心理学课程的学生。

许多人都为本书的编写做出了贡献。卡尔加里大学的罗伯特·D. 朱厄尔、北卡罗来纳大学夏洛特分校的简·F. 高特尼、拉格朗日学院的托尼·约翰逊、圣安东尼奥山学院的约翰·T. 朗、马里昂学院的德鲁·艾普利比、匹兹堡大学的布鲁斯·戈尔茨坦、圣何塞州立大学的阿莉西亚·克诺德勒、鲍多因学院的艾伦·阿克恩、路易斯堡学院的里克·洛特、中佛罗里达大学的马修·钱和西新英格兰学院的丹尼斯·科洛滋耶斯基对书稿提出了有益的意见。埃默里大学的西奥特·利连菲尔德对本书第一版提出了许多有益的意见。在可能的情况下,我已经尽力说明了这些观点的来源。多年来,我从他人那里吸收了许多观点,甚至包括一些例子和短语,有些来源已经有所遗忘。我向任何应该被写明引用而没有在此提及的人表示歉意。

唐纳德·H. 麦克伯尼

目　录

导 言

什么是批判性思维?

卡特·埃默里克(Cutter Emerick)是我五年级时的社会课老师。他在学生中很受欢迎,不仅是因为他那独特的名字,还因为他的卷发,他小心翼翼地试图将卷发盖在他的秃头上。不幸的是,当天气潮湿时,他的头发会卷成一个紧紧的卷,他的头皮因此裸露出来。有一天我在课堂上问埃默里克,为什么他的头发有时会卷起来,露出他的秃头。他对这个问题明显不感兴趣。当我问父亲这个奇怪的现象时,他说是潮湿导致埃默里克先生的头发卷起来。第二天我在课堂上说,我知道埃默里克的头发为什么会卷起来。这让埃默里克先生很不高兴。

也许是因为这件事;也许是因为当他告诉全班同学尼亚加拉瀑布面朝美国时,我公然纠正了他;也许是因为我在课堂上总是提问。但有一天,我再次提问时,他终于发了脾气。

在另一方面,父亲则会回答我提出的任何问题,只要我想,就会回答得很详细。(嗯,几乎任何问题。当我问他,公鸡没有像其他农场动物那样的雄性器官,它是如何与母鸡交配的,他喃喃地说了些我听不懂的话。)后来,当我自己的孩子进入经常问"十万个为什么"的阶段时,我问父亲这种状况将持续多长时间。他说:"永远,如果你幸运的话。"然而,大多数人都超越了这个“十万个为什么”的阶段，一些没有超越这一阶段的人成为了心理学家。

因此，当我开始听到越来越多关于批判性思维的新事物时，我觉得自己就像莫里哀笔下的人物一样，惊讶地发现自己一生都在出口成章而不自知。我从小就具备批判性思维，并且一直把批判性思维作为我的课程必不可少的特色。

什么是“批判性思维”？尽管这个概念很流行，但对其定义似乎没有形成什么共识。我认为，批判性思维主要是一种爱问“为什么”的态度——为什么是这样？为什么会发生这种情况？为什么我应该相信这种说法？不幸的是，大多数孩子的老师中至少有一位埃默里克先生，这使得他们更倾向于不问问题。

在我成为教授以前，我在大学的另一个学院里修习了一些研究生课程。一位教师非常明确地表示，他希望我们理解他的课程，当不清楚的时候希望我们可以提问。他每隔几分钟就会停止讲课，问：“明白了吗——苏珊？”班上的每个学生都会说“明白”，包括我。问题是，这些讲课内容对我来说经常是不清楚的。有一天，他问我：“唐，你明白了吗？”我硬着头皮说：“不明白。”全班同学都看着我，好像我发出了无礼的声音。后来，在休息时，有几个人向我表示感谢，并说他们从来不明白这位老师在说什么。因此，成套的经验、习惯、社会期望、教师的肢体语言等都不利于批判性思维的应用。我们学到了有规则的存在，因此规则就存在在那。在上大学之前，我们接受了多年的顺从训练。你也许因为进行批判性思维而陷入困境，许多好奇心大于社会礼仪的小孩子已经发现了这一点。

什么是批判性思维？多年前，教育家们强调的是可以应用于任何研究领域的一般思维原则。这也是我们许多人在高中学习拉丁文的部分原因。然而，今天人们普遍认为，批判性思维技能最好是在特定学科的背景下学习，而不是在课本中学习。认知心理学家发现，如果为了像某一学科专家那样思考，那么人们必须具备该学科一定的知识基础。此外，在一个学科中学习到的批判性思维技能并不总是能转移到另一个学科中。

由于这些原因，我将避免为批判性思维列出规则清单——好像人们可以简单地记住这些规则从而成为一个批判性思维者似的，这就像通过背诵钢琴上的琴键位置而成为一名钢琴家一样是不可能的。相反，我们将讨论多年来学生问我的一些典型问题，这些问题揭示了理解心理学的绊脚石。每一个问题的答案都涉及一个特定的原则或批判性思维技能的应用，这在心理学中是很重要的。希望通过学习这些原则，锻炼这些思维技能，你也能像心理学家一样思考。

第一编
心理学和科学

威廉·冯特（Wilhelm Wundt，1832—1920），德国生理学家、心理学家、哲学家，被公认为是实验心理学之父。他于1879年在莱比锡大学创立了世界上第一个专门研究心理学的实验室，被认为是心理学成为一门独立学科的标志。

第1章

为什么这门课程这么难？它不过是心理学！

原则：科学是由合乎逻辑的事实、法则和理论紧密结合的统一整体。

提出这个问题的学生刚刚在“心理学概论”课程的第一次测试中挂科了，因此她来看看是什么地方出了问题。当我像往常一样问她学了多少东西时，她说：“我是学预科的；我父亲让我集中精力学习科学课程，所以我没有为您的考试复习多少东西——毕竟，这只是心理学！”我脸上痛苦的表情是真实的，尽管我已经习惯了，因为我经常听到这样的话。

我学生的回答反映了人们对心理学的诸多误解。她认为心理学不是一门技术学科，它大部分是常识（见第23章）。而她的答案背后的主要观念是，心理学不是一门科学，与生物学、化学、物理学等学科不一样。现在，持有这种观念的人有很多，包括这些学科的许多教授、大量的心理学专业学生，甚至一些心理学家。许多不同的因素促成了“心理学与‘真正的’科学不一样”的想法，其中就包括大多数心理学家是临床医生而不是实验型心理学家这一事实。我们不在这里分析每一个因素，我们将只考虑回答它们的原则：科学的统一性。

虽然我们把物理学、化学、生物学、心理学和其他学科说成是科学，但它们实际上只是一门科学的不同分支。科学是一种基于经验性方法的认识——基于经验的方法论。任何使用这些经验性方法的学科都是科学的一个分支。哲学家莱布尼茨说：“（科学）是一片海洋，到处都是连续的，没有断裂或分割。”（Gigerenzer, 2000, p. 1）。当人们从大西洋行驶至印度洋的过程中，水可能从蔚蓝变成深绿。但这水仍然有着“向着低处流淌、沸点在大约100℃”等特性。同样地，我们也很难分辨出一个科学学科在什么时候结束了，而另一学科开始了。原因如下：

第一,各个学科之间没有明显的分界。例如有物理化学、生物化学和生物心理学。事实上,科学学科之间的划分往往与大学机构设置的考虑或者历史原因有关,而不是其他什么。

第二,科学涉及的许多研究问题是跨学科的。例如,我自己特别感兴趣的领域是味觉,而参加味觉领域的重要学术会议的科学家包括化学家、动物学家、生理学家、解剖学家、神经科学家和心理学家等。所有这些科学家都运用他们的专业知识来探索人类和其他动物的味觉和嗅觉功能。

第三,也是最重要的一点,尽管科学的各个分支之间存在一些差异,但它们的规律和理论之间具有不可分割的联系。人类和动物的行为方式与生物学的原则是一致的。仅举一例,大脑是人体中新陈代谢最旺盛的器官,虽然它只占人体重量的 3%,但它消耗了人体高达 25%的能量。本着"昂贵组织原则",这意味着大脑必须通过执行重要任务来报偿其成本。在人类进化的过程中,那些专注于寻找食物和配偶、避免危险的个体成为我们的祖先。那些把精力花在思索生命、宇宙和其他一切事物上的个体则被淘汰 。此外,"昂贵组织原则"可能是我们只开发了人类大脑的 10%的原因之一(见第 21 章)。正如巴里·拜尔斯坦(Barry Beyerstein,1999) 所述,如果我们从不离开厨房,我们会花多长时间去为一个有 10 间房间的房子供暖?还请注意,我们刚刚诉诸进化论来解释人类行为,这是连接科学的网络的另一部分。

因此,人类行为必须遵循生物学的原则。同样,生物学也必须与物理学兼容。你有没有看过一部恐怖片,里面的昆虫和马一样大,并让人感到恐惧？我们可以在晚上安然入睡，是因为物理学原理让我们明白这种巨大的昆虫不可能出现——昆虫缺乏承受所需重量的骨骼；它们的呼吸系统无法将氧气输送到如此庞大的身体，等等。当然，巨大的昆虫是虚构的。

总而言之，如果将心理学从根本上归为一门科学，那么它本质上是一门与其他科学一样的科学，因为科学是一个统一体。

练习：

1. 你所在的心理学系的教授中是否有人拥有其他学科的博士学位？你们学院的其他系也有心理学家吗？

2. 请你的老师指出，在心理学教材中提到的其他学科的科学家对心理学所做的贡献。

为什么心理学家使用如此多的专业术语？

原则：科学中使用的术语在技术意义上往往与这些术语的日常意义截然不同。

专家们经常使用他们自己的晦涩词汇，这使我们感到困扰。为什么要说“学习资源中心”而不是“图书馆”？为什么说“环卫工程师”而不是“垃圾收集者”？为什么心理学家要谈论“负强化”而不是“惩罚”？

“行话”(jargon)这个词有两层含义，我们对此很感兴趣。第一个含义是指一种晦涩难懂、自命不凡的语言，其特点是使用花哨的词汇，而且通常比其必要的本意要浮夸。我不为在这种意义上使用“行话”辩护。以这种方式使用行话的人或是想让自己的话听起来更重要，或是蒙蔽听众，抑或是两种原因都有。但他们的话最终听起来反而华而不实，令人厌烦。

“行话”这个词的第二个含义是特定专业团体的技术语言特征。任何专业，无论是科学、艺术还是其他，都需要一些特殊的语言。在帆船运动中，“迎风折驶(帆船运动技术术语)”指的是改变方向的动作，即船一直以某种角度朝着风的方向航行，使风以某种角度吹向船的另一侧(我特意避免使用任何技术性的帆船运动术语来描述这个过程)。

当船长说“准备”时，这个词准确地告诉船员他想要什么，以及船员需要做什么来完成它。如果船长说“准备转弯”，对新手来说可能更容易理解，但对有经验的船员来说，他们就不知道接下来应该做什么了。这些行话简明扼要地传达了精确而又复杂的信息，节省了我们大量的时间和精力。

行话总是让外人难以理解某些专家群体在谈论什么，但行话的适当使用则能提高业内人士的沟通效率。问题在于如何确定一个特定的“行话”是否是正确意义上的技术语言，还是单纯的自命不凡。大多数人可

能会同意,“环卫工程师”是一种不恰当的行话，因为它的主要功能是使这个职业听起来比“垃圾收集者”更有声誉。“学习资源中心”这个行话的情况就不那么好分辨了。喜欢这个词的人会说,它意味着这个中心不仅有书,还有电影、音频和视频材料等，但是可能这已经是所有人所熟知的事了。在这种情况下,使用“图书馆”这个词就足够了。在帆船运动中,知道关于船舶的部件和帆船运动的技术术语,可以节省很多精力并避免混淆,在航海过程中做出攸关生死的选择。

心理学家们也有他们的行话。例如,我们将“惩罚”(punishment)和“负强化”(negative reinforcement)这两个术语区分开来。第一个术语听起来很普通,而第二个术语听起来像行话。外行人经常将两者互换使用,认为“负强化”只是“惩罚”的一种花哨说法。事实上,它们是非常不同的。

“惩罚”指的是当某人做某事时出现的令人不快的后果。例如,一个孩子偷吃饼干,可能会被打屁股。而“负强化”指的是当某人做某事时,先前的不愉快的经历被消除。当一个孩子因为直呼她哥哥的名字而向他道歉后,她被允许从她的房间里出来。重要的区别是,惩罚总是减少或消除一些行为,如偷吃饼干;而负强化,像任何其他强化一样,增加某些行为发生的频率,如道歉。如果不能区分这两个术语,就不能正确理解这两种心理过程之间的区别。

科学家们经常使用一些最初来自日常生活中的词汇,但是当他们在科学上使用这些词汇时,却赋予了它们不同的定义。我们前面已经举了“惩罚”的例子,这个词来自日常使用,但它被赋予了一个特定的定义,与你在字典中找到的日常定义不一样。这种做法也会让普通人感到困惑和沮丧。

记得我参加了一个关于嗅觉(olfaction;关于嗅觉的行话说法)的会议,其间我们花了很长时间试图定义“气味”。其中一位与会者的配偶旁听了会议,事后有些愤慨地说:“你们为什么不直接查字典了事呢?”我们没有这样做的原因是,字典中的定义并不是为了处理科学家在涉及“气味”时需要做出的区分。

最简单的例子可能是物理学中如何使用“功”(work)这个术语。我们在日常生活中知道,“功”可以由许多不同的活动组成。其中一些是纯粹的脑力作用,就像我们在头脑中解决某个问题时一样。但对物理学家来说,“功”(work)被定义为“力乘以距离”。根据物理学家的定义,如果你站了10分钟,举着一块木板,而别人把它钉在那里,但你没有做任何“功”,虽然你施加了力,但没有移动任何东西。按照其他人的定义,你就做了“功”,而且是艰苦的“功”。

在心理学中,学生们常常认为他们了解所谈论的内容,因为他们使用了诸如强化、惩罚、辨别(discrimination)之类的术语。他们可能忽略的是,尽管这些术语听起来像普通词汇,但它们实际上是一种不同的语言,有不同的定义。

练习:

在心理学教科书的词汇表中,找出三个具有与技术含义不同的日常含义的术语。

第3章

你为什么不跳过理论，而直接给出更多事实？

原则：科学的主要目标是理论，而不是事实。

人们喜欢事实,因为它们看起来直接而具体。另一方面,理论似乎具有试探性和推测性。电影《法网》(*Dragnet*)中弗莱德警官的名言是:“告诉我事实,女士,我只要事实。”但另一方面,心理学家似乎总是在谈论理论,例如巴甫洛夫的条件反射理论,弗洛伊德的无意识理论,等等。这些理论中有些是相互矛盾的。结果,学生们得出这样的想法:心理学中没有什么是确定的,发展理论是因为对事实不确定。

事实上,理论对科学来说远比事实更重要。理论是相互关联的概念体系,用以解释某一特定研究领域的大量事实。巴甫洛夫的条件反射理论解释了为什么狗在“铃声”与“狗嘴里出现的一点食物”配对后会听到铃声就流口水。巴甫洛夫发展他的理论是为了解释为什么在没有任何食物的情况下,摇铃时狗会流口水。巴甫洛夫的理论是对事实的一种解释。

科学与其他人类活动的不同之处在于,它的主要目标是理解自然现象,而不仅仅是能够预测或控制它们。一名驯兽师可以知道大量关于如何让狗跳过铁环的实用信息。事实上,大多数驯兽师对如何训练狗的了解肯定远远超过没有实际经验的心理学家。驯兽师的目标是让动物跳过铁环。心理学家的目标是提出一种理论来解释狗学会跳过铁环时所涉及的学习过程。

驯兽师的目标是实践,科学家的目标是理解。这就是厨师和化学家、电工和物理学家、医生和生理学家、工程师和科学家之间的区别。我对后两组职业的介绍可能需要做一些阐述,以使观点清晰。医生和工程师在他们的培训中学习了大量的科学知识。而且医生和工程师有时都可能参与科学研究。但医生的目标是治病救人，而工程师的目标之一是制造设备。这些职业的实践性和科研性有足够的重叠，所以我们经常把“科学”和“工程”作为教育、就业等方面的单一的类别来谈论。然而，我们有必要了解，一般来说，科学家的主要目标是发展对其所从事研究的事物的理解。

你可能会反对“科学家和实践者的目标都是理解”这一观点。但实践者的目标是配制知识：具有实用性，或“如何做”的知识。科学家的目标是理论性的，或“为什么”的知识。有一次，我在讲授心理学入门的人格理论时，一个学生提出从她的公司引入一些非常好的电影，她认为这对研究人格有帮助 。在询问她之后，我发现这些影片是关于如何与员工更好地相处、如何成为一个更好的管理者以及类似主题的培训影片。毫无疑问，这些都是很好的电影，对她的公司和员工很有帮助。但它们的目的是传授“如何做”的实践知识，而不是理论知识。

科学家对理论如此感兴趣的原因有很多。完善的理论会解释以前认为不相关的事实；会提出进一步的研究方向，从而发现新的事实；会对人们所面临的问题提出新的解决方法。有人说，没有什么比完善的理论更具有实践性了。对学习的理论理解增进了动物训练和课堂教学；对疾病过程的理论理解产生了新的治疗方法和新药，等等。

但你可能仍然对我如此强调理论的重要性感到困扰。难道我们就没有达到证明理论是事实的地步吗？实际上，一个被所有人接受为事实的理论仍然是理论。我们仍然在谈论疾病的病原学理论，或遗传的基因理论,或爱因斯坦的相对论,尽管它们的真实性毋庸置疑。

有一次,当我试图在一堂课上解释这一观点时,一个学生问:"你的意思是,理论永远不会因完善成熟而发展为事实吗?"其实这个学生已经明白了这个道理——有些理论是错误的;有些理论比其他理论有更好的证据支持。但是,理论不可能发展成为其他事物,因为即使再发展,也没有比它更好的了。

这最后一点被宗教原教旨主义者误解了,他们声称学校应该在教授进化论的同时教授创世论,因为达尔文的理论只不过是一种理论。堪萨斯州曾一度将进化论从州级生物考试的材料中移出,因为它只是理论假设,而不是科学事实。现在,进化论成为"事实",因为它的确发生了(换句话说,进化论是符合真实的,因为它解释了大量的事实)。但它仍然只是理论,因为它只是对一组(非常大规模的)观察结果的解释(实际上也是唯一的科学解释)。正如关于堪萨斯州当时的几位评论员指出的,科学就是理论;没有理论的话,我们只有一堆事实,而没有科学。没有理论,我们就不能讲授"地球绕着太阳转",也不能讲授"细菌导致疾病"。

练习:

列举几种科学理论,这些理论是日常意义上的事实,因为它们被普遍接受为真实可靠的。

第4章

但这只是你的理论!

原则：科学家通常相信能对某一现象作出最佳解释的理论，而不仅仅是他们最喜欢的那一种。

我有时在讲授某个主题,描述其背后的理论时,学生会说:“但那只是你的理论;我的是这样的……”更多的时候,他们只是坐在那里,写下我在课堂上所说的话,使得他们可以在考试中依样复述,但心里依然相信他们自己的那一套。

学生们的态度有时是,应该接受某一种比其他理论更吸引自己的理论。不要紧,我所描述的理论是被大多数心理学家所接受的理论。不要紧,这种理论有经验证据的支持。不要紧,这种理论与其他科学领域的相关理论有联系。

这是一个棘手的问题。诚然,没有任何理论能解释关于某个主题的所有知识。诚然,所有的理论都是对现实的不完整解释或过度简化。对于任何特定的现象,往往有相互冲突的理论,而且每一种理论都会比其他理论更好地解释某些事实。因此,大多数科学家不会声称任何特定的理论是百分百正确的。

还有一个事实是,有很多证据表明,科学家被自己的偏见所影响,从而决定倾向于哪种理论的方式。很多时候,科学家会选择某一种理论而不是另一种,是因为它看起来更符合自己的审美。

“后现代主义”是一场在人文科学中颇有影响力的运动,它讨论是否有可能发现独立于个人偏见、假设、观点等的真理。一些社会心理学家(e. g. ,Gergen,1994)认为,心理学应更多借鉴后现代主义的思想。

如果要举一个偏见如何影响科学家的例子,那就是性行为。科学家们过去认为,雄性大鼠是发起性行为时机的更积极的伙伴。最近,人们发现,实际上是雌鼠控制了性行为的主动权。人们已经意识到大多数物

种的雌性往往是更挑剔的，在性接触的时间上起着重要的作用。

偏见和个人偏好导致我们选择理论时厚此薄彼，这种想法与后现代主义相一致。因此，我们有女权主义心理学（feminist psychology）、马克思主义心理学（Marxist psychology）、存在主义心理学（existential psychology），等等。后现代主义者则说，主流心理学（mainstream psychology）的假设与马克思主义心理学的假设一样，都是有偏见的。

现在看来，后现代主义的议题是非常复杂的，我不准备完全回避它。但大多数心理学家会同意，无论我们的个人偏见是什么，都只有一个事实。而科学的目标是发展最能描述这一事实的理论。可以肯定的是，我们的偏见会妨碍我们发现事实真相，但经验方法最终会使我们更接近于发现世界的本质。

因此，当你的教授在阐述某一理论来解释某个现象时，她（或他）很可能认为这个理论是最能说明与该现象有关的实际经验证据。这不仅仅是教授出于个人的、审美的、政治的、宗教的或任何其他原因而做出选择的原因。

练习：

问问你的老师是否存在向你介绍过某一种最为人们普遍接受的理论，而他或她实际上更倾向于另一种的情况。并问问老师喜欢另一种理论的原因。

第5章

你太有逻辑了！

原则：当你的逻辑是错误的时候，做到观点正确是相当困难的。

正如戴夫·巴里(Dave Barry)所说:“这不是我胡编乱造的,虽然这只是第二手资料。”一位教授正与同事就一些理论问题进行激烈的讨论,当这位同事被对方的推理逼得走投无路时,就气急败坏地回答说:“你太有逻辑了!我不确定我是否相信逻辑!”

当有人在争论中总是比我们领先时,我们都会感到沮丧。但这类人的主张是,他知道自己是对的,只是不考虑是否符合逻辑。实际上这种态度是相当常见的,甚至在学术界也是如此,其根源可追溯到18世纪末及19世纪初西欧文学艺术上掀起的浪漫主义运动。

浪漫主义者认为,理性思维和经验证据——科学的两大支柱——是不可靠的,因为它们忽略了基于人类情感基础上的直接感性知识(Hergenhahn,2001)。在浪漫主义者看来,科学永远无法理解人类,因为它忽略了那些最具有人性的知识。上例中说不确定自己是否相信逻辑的那个教授反映了浪漫主义运动对科学的否定。

今天,许多人感到与科学疏远了。他们认为,科学造成了军国主义势力、男性统治和生态恶化,这也是当代西方社会的主要社会问题。他们把社会的明显缺陷归咎于科学,同时却认为科学带来的医疗进步、电脑游戏和手机都是理所当然的(Gross & Levitt, 1994)。

我并不是在争论科学给我们的一切都很美好。很明显,没有完美的人类制度。我也不是说科学是我们了解自己的唯一途径。我和大多数人一样喜欢文学和艺术。我只是想说,我们应该非常谨慎,不要不分良莠地将科学抛弃掉。

难道承认科学并不完美就可以拒绝逻辑思维吗?就像人类的大多

数事业一样,逻辑上的一致性对于科学的成功是至关重要的。逻辑谬误对科学的破坏性更严重。我们确实需要承认,生活中有些领域,例如时尚,逻辑在其中发挥的作用很小。为了谨慎起见,我就不列举其他领域了。

逻辑论证的分析是一个复杂的技术问题。我们在这里只能试图说明它在日常生活和科学中是多么重要。以逻辑谬误的问题为例,逻辑谬误是指论证虽然有问题,却很有说服力(Cederblom & Paulsen, 1986)。常见的逻辑谬误是"假两难推理(false dilemma)",如下面这句话。

美国:要么热爱它,要么离开它。

这个论点对一些人来说显然是有说服力的,因为它是一个流行的保险杠贴纸口号,用来反对那些抗议越南战争的人。这句话是谬误,因为除了热爱美国或移民之外,还有其他情况,比如一个人可以爱自己的国家并试图改变它;一个人可以爱它但什么都不做;一个人可以爱它并离开它,等等。

试想一个在森林中迷路的徒步旅行者走到了一个岔路口。路的标记已被破坏,她没有依据地选择一条路而不是另一条。她可能会站在那里挣扎于她的选择,似乎只限于向左或向右走,特别是如果此时的她又累又饿,思维不清晰的话。但是,如果她是一个经验丰富的徒步旅行者,她可能会意识到,留在原地直到有人来救她可能是最好的选择。

在科学思维中可以看到这种"假两难困境"的情况。比如一位科学家想设计一个实验,以在史密斯的理论和琼斯的理论之间做出选择。他想到了一种情况,即这两种理论的预测完全相反。到这里为止,一切都很顺利。但是最终他决定,如果结果是"A"的,他就会得出结论说史密斯的理论是正确的;如果结果是与"A"相反的,他就会接受琼斯的理论。问题是,这两种理论都可能不是正确的。事实上,即使结果导致你拒绝史密斯的理论,接受琼斯的理论也不一定意味着正确。如果实验证明史密斯的理论是不正确的,但是该实验的设计方式不是为了让你在琼斯的理论和尚未有人想到的真正符合事实的理论之间做出选择。

因此,当你因为科学看起来太有逻辑性、太"线性"、太"资产阶级化"、太"欧洲化"时而想拒绝它,请试着意识到,逻辑对人类的所有努力都是重要的。无论我们对逻辑有什么看法,我们都会犯逻辑上的错误,这是很危险的。

练习:

说明为什么以下是一个"假两难困境"的例子:如果不停掉我的信用卡,我将不可能收支平衡。

第6章

但你已经揭开它所有神秘的面纱!

原则：科学的目标是解决难题，而不是惊叹于它的神秘。

我上大学时，有一次从生物实验室出来，身上散发着甲醛的味道，直接去上人文课。教授问我："为什么生物学家必须杀死动物才能研究它们？生物学应该是研究生命的！"许多人和我的人文学科教授一样，认为科学家破坏了他们试图研究的东西。他们认为我们想揭开事物神秘的面纱。

事实是，我们确实如此。"神秘"(mystery)这个词经常被用于"谜题"(puzzle)的意义上——我们试图在作者揭示凶手是谁之前解开这个谜题。但严格来说，"神秘"指的是我们永远无法弄清楚的东西，答案必须由知道的人，即先知，向我们揭示；另一方面，"谜题"则是普通人可以弄清楚的事情。

每个人都喜欢神秘。鲜艳的花朵、可爱的婴儿或者美丽的落日，都让我们惊叹造物之神奇。但是有些人进入科学殿堂，期望自己的研究能造就这种神奇感。很多时候，这种神奇感却无数次被大量明确、清晰的概念驱散，他们决定另投他门。这些学生所忽略的是，严格来说，科学并不把世界视作神秘，而是当作有待解决的谜题。可说明"神秘"和"谜题"之间的区别的例子—研究超感官知觉(Extra Sensory Per-ception，ESP)的人的动机，我们可从其中窥知一二。

在20世纪60年代初，人们对以下说法产生了浓厚的兴趣：某些俄罗斯妇女能够用指尖进行阅读。由于冷战的缘故，当时的美国人要了解俄罗斯的情况并不容易。因此，当一位名叫理查德·尤兹(Richard Youtz)的美国心理学家听说一位美国妇女能够用手指分辨颜色的报告时，他决定研究她。他的实验控制变量似乎做得很好，表明了该妇女确实能够用

指尖分辨颜色。

尤兹在一次会议上报告了他的成果，而我恰好参与那次会议。确切地说，他是在我即将汇报我的第一篇学术论文之前汇报了他的论文。房间里挤满了几百个人听他演讲。当他讲完，轮到我的时候，房间里只剩下了大概 20 个人，这是参加这种讲座的通常人数。

我的一个朋友叫沃尔特·马库斯(Walter Makous)，研究领域是"感官"。他想知道皮肤是否有一些可知的能力，使人有可能用指尖分辨颜色。他知道人体以红外辐射的形式放出热量，不同的颜色对这种热量的反射是不同的。于是他开始做一些计算，结果显示，根据已知的皮肤对温度的敏感性和彩色物体对热量的反射，理论上人们有可能用皮肤分辨颜色。

然后他做了一个简单的实验，结果表明，普通人实际上可以实现他所发现的理论上的可能性。他把研究结果发表在了一本重要的心理学杂志上。

你认为他的论文的结果是什么？你认为超感官知觉研究者会因为这种超感能力的生理基础被发现而感到高兴吗？其结果是，人们对超感能力的兴趣立刻完全消失。

这个故事的寓意是，研究超感官知觉的人在探寻一种"神秘性"——他们在寻找无法解释的东西。而科学工作者则试图找到"谜题"的答案。这种差别是意义深刻的，正如上述的皮肤光学知觉(dermo-optical perception)的故事所示。

如果你想要一份"神秘"，可以欣赏一朵花，但不要仔细分析它；可以注视一个婴儿，但不要问那些可能有经验性答案的问题。如果你想要解决一个谜题，就去研究科学。有很多谜题需要解决，而且你甚至可能最终认定某些事实，在所有的事情都说完之后，发现宇宙又存在着一些伟大的奥秘。许多科学家确实发现，神秘感实际上是通过做科学研究来增加的。但是，当科学家进行科学研究时，他们的动机是“谜题”，而不是“神秘”。

练习：

1. 把儿童发展看作是一个需要解决的谜题，而不是一个令人感到惊奇的神秘事物，如何引导人们采取不同的方法来与儿童一起工作？

2. 认为人类行为是谜题而不是神秘事物的人一定是一个扫兴的人吗？

第7章

但这与我相信的东西相矛盾!

原则：科学与每个人的信仰相抵触，并且对任何人来说都可能构成威胁。

学生们常常因为在心理学中所学到的事物与他们的某些坚定的信念相矛盾，或者看起来是矛盾的而感到不安。他们可能在星期天学校（Sunday School）①里被教导说我们有自由意志，而教授可能教导说所有行为都有物质诱因。

科学和宗教之间的关系是一个非常大的话题，我们无法在此公正地讨论它。当然，一些教授乐于挑战他们学生的宗教信仰。但这里的理由很简单。科学挑战每个人的信仰，不仅仅是宗教人士的信仰。作为一个科学家，我们需要对自身的信仰进行实证测试，看看我们所相信的是否真的是事实。不管我们的信仰是关于自由意志还是关于记忆机制，都是正确的。

因此，那些被所学的内容挑战了世界观而感到焦虑的学生，他们的感受与其他所有人在某个时候的感受完全一样。当我们第一次知道我们不是班上最漂亮的人，或参加考试时最聪明的人，等等，这些都可能威胁到我们的自尊。而随着我们的成长和成熟，我们会发展出处理这些威胁到自尊的方法。

在这方面，科学的不同之处在于，做科学需要我们把自己的信仰明确化，然后用现实来检验。例如，假设你相信经历过挫折的人会变得具有攻击性。一个要测试这个想法的科学家会设计一个场景，在这个场景中可以发现这个信念是真的还是假的。换句话说，我们是在故意为自己设置实验，以便我们的想法可以被证明是错误的。事实上，哲学家们指出，我们应该设置实验，好让我们设法证明想法错误。根据这种观念，当我们无法推翻自身的想法时，而不是当我们为想法找到证据时，我们就

①译者注：基督教教会开办的对儿童进行宗教教育的学校，通常在星期天，即礼拜日进行。

是成功的。

科学作为难能可贵的人类活动之一,在这场活动中,人类有意地、系统地去证明自身的信仰是错误的,或者至少使信仰处于危险之中。这样做会引起一些焦虑,而且不是每个人都准备好了迎接它,对此,我们不应感到惊讶。

练习:

写下你在这门课上学到的由于挑战了你的信仰而使你感到焦虑的内容。并且,现在做些与你在日常生活中学到的东西一样的事情。它们有什么相似之处呢?

第8章

如果我们有自由意志，心理学怎么可能成为一门科学？

原则：科学假设人的行为是可预测的。

每个律师都被教导不要向证人发问，除非已经知道证人可能会说什么。教师则没有这种奢望。我曾经问过一班心理学专业的高年级学生“心理学是否是一门与其他科学一样的科学（见第1章）”这一问题。令我失望的是，大部分人认为它不是。一个学生坚持认为，因为人们有自由意志，永远无法预测行为，所以因果决定论不适用于人类行为。

调和自由意志和决定论的问题困扰了哲学家们几个世纪。所有正常人都认为自己具有自由意志。很明显，当有人要求我在公交车上让座时，我可以决定服从，也可以拒绝。我会吗？如果一个拄着拐杖的老人蹒跚地走上地铁，要求我让座，我会不假思索地站起来。如果我实行我的自由意志，决定留在座位上，我就会感到非常不舒服。心理学家斯坦利·米尔格兰姆和约翰·萨比尼（Stanley Milgram & John Sabini，1978）曾经研究过这个问题的另一面。他们给学生布置了任务——在地铁上向别人要座位。实施实验的学生发现这非常令人尴尬，而且非常难做。他们的话有时似乎堵在喉咙里。有些学生被迫假装生病或者晕倒，以表明要求他人让座的不合理请求合乎情理。

因此，我们的行为常常没有我们认为的那样自由。但是，即使当我们感觉行为完全自由时，它也常常是相当可预测的。蒂莫西·威尔逊和理查德·尼斯贝特（Timothy Wilson & Richard Nisbett，1978）要求购物者从挂在百货公司货架上的四双丝袜中挑选出质量最好的。几乎所有的人都毫不费力地选择了一双，并普遍认为他们选择的袜子在针织、编织式样、弹性、剪裁或做工方面更好。事实上，它们都是一样的，购物者在很大程度上受到袜子在货架上的位置的影响。最右边的一对被选中的次数是最左边的三倍以上。当实验者试图询问购物者袜子的摆放位置是否会影响他们,除了一个人之外,其他人都否认了这种可能性——有些人恼羞成怒,或者暗示实验者疯了(Nisbett & Ross, 1980)。(这个购物者有可能曾学过心理学。)其他许多实验表明,人们往往完全无视导致他们行为的真正原因,同时他们又轻率地为自己的行为提供理由。这种现象称为“虚构”(confabulation),这里顺便说明一下,询问孩子为什么他们要做一些调皮的事情,不是一个好主意。这种做法会使孩子编造一个理由,为自己的行为辩护,而实际上他们根本不知道自己为什么要这样做。

我们可以把自由意志的问题留给哲学家们去解决。而且我们可以在内心深处相信人有自由意志或没有自由意志。但你至少必须做出“人类行为是可预测”的这一工作假设,否则你就无法做涉及人的科学。问题是,科学家通过做出可预测性的假设可以走多远。答案是,相当远,你翻翻任何一本心理学书就能知道。

练习:

如果自由意志意味着人类的行为是不可预测的,那么请列出一些不可能的事情。这里有一个例子作为开头:知道该往哪边走以避免与人行道上的陌生人相撞。

第二编

方　法

斯金纳（B.F.Skinner,1904—1990），美国行为主义心理学家，新行为主义的代表人物，操作性条件反射理论的奠基者，对美国教育产生了深刻影响。他创制了研究动物学习活动的仪器——斯金纳箱。

第 9 章

为什么我必须学习所有这些方法？我只是想帮助别人！

原则：心理学的专业实践得益于对实践科学基础的理解。

我所在的大学，就和大多数大学一样，所有心理学专业的学生都要修习一门有关研究方法的课程，这并不是很受学生欢迎的课程。反而有不少学生直接说："我为什么要学习这些方法？我只是想帮助别人。"他们可能同意心理学应该以科学研究为基础。那么为什么他们不能直接应用科学心理学家发现的东西，跳过研究方法呢？

在人类职业中，心理学在要求其从业者学习科学方法的程度上，是人类职业中独树一帜的。绝大多数专业心理学家都获得了博士学位，这要求他们进行大量的研究工作。而精神病学家、社会工作者和特殊教育工作者则不是这样。心理学对研究的强调基于这样的理念：对心理学研究方法的透彻理解可以加强心理学实践。

最近所谓的"辅助沟通法(Facilitated Communication，简称 FC)"就很好地说明了在没有充分研究的情况下开发治疗技术的弊端(Palfreman，1993)。这是世界各地成千上万的特殊教育教师和语言治疗师使用的方法，让孤独症患者通过在电脑终端或类似键盘上输入他们的想法来进行交流。辅助者握住孩子的手，让孩子选择触摸哪些字母。

FC 提供了令人惊讶和感人的案例，在这些病例中，孤独症患者显然是有生以来第一次开始与他们的家人和其他亲人进行交流。想象一下，一位母亲的孤独症孩子以前完全不爱说话，现在在电脑上打出了"我爱你，妈妈"，这位母亲的心情会是怎样的。锡拉丘兹大学成立了辅助沟通治疗研究所，举行了各种会议，辅助沟通成为了世界性的活动。

当一些孤独症儿童通过辅助沟通开始指控父母对自己进行性骚扰时，辅助沟通领域开始瓦解。他们的家庭不得不面对昂贵且漫长的法律

诉讼,遭受了巨大的痛苦。一名被指控的父亲不得不离家数月,在此期间,他不被允许与他的孩子有任何接触。

最后,波士顿儿童医院的霍华德·谢恩(Howard Shane),一位从事缺陷人士沟通方法开发的专家,被召集来调查辅助沟通的这些事件。他首先安排辅助者和孩子看不同的图片,让孩子通过辅助沟通描述这些图片。例如,他向辅助者展示一串钥匙的图片,而向孩子展示一个杯子的图片。显而易见,在辅助沟通施行的过程中输入的内容严格来说是辅助者看到的,而不是孩子看到的。换句话说,辅助者是在输入自己所看到或所想到的东西。

必须强调的是,辅助者完全没有意识到自己对孩子们的手的运动产生的影响。意识到自己的所作所为,辅助者们感到非常苦恼,但辅助沟通的主要支持者之一拒绝相信这些证据。导致辅助沟通失败的简单测试,是许多学习心理学研究方法的一年级学生都会想到做的研究。但它以前从未被尝试过,这极大地说明了从事人类服务工作的人需要接受研究方法方面的培训。

辅助沟通法惨烈失败的最新的一个例子是“聪明的汉斯效应”(clever Hans effect)。据说这匹名为“汉斯”的马能读、能写、能算(包括寻找数字的因数和运算加法)——这些技能有时是大学生们都难以掌握的。汉斯在20世纪初的德国引起了轰动,先后经过了一位动物学家、一位动物行为学家、一位马戏团经理、一位感官生理学家和一位心理学家的测试,这些测试者都是各自领域的杰出人物。

最后,一位名叫奥斯卡·冯斯特(Oskar Pfungst)的心理学家明确地表明，汉斯不是对向他提出的问题作出反应，而是对提问者头部极其轻微的动作作出反应，这些动作示意它开始或停止用蹄子敲击地面。与辅助沟通的辅助者一样，汉斯的提问者也完全没有意识到他们所做的头部动作是对汉斯的提示。

当然，辅助沟通和聪明的汉斯是心理学历史上的两个反常现象。大多数心理学实践都牢牢地扎根于科学搜索，并以其应有的方式运作。但这些例子有效地说明了为什么心理学家需要掌握检验心理学实践的方法。

练习：

请你的导师描述一下"研究方法"在他或她的本科生及研究生的心理学培养过程中所发挥的作用。

为什么我需要学习统计学？

原则：统计学有助于评估证据和作出决定。

坐在我办公室里的那个学生已经修过三次统计学课程，但三次都没有通过。她告诉我，统计学是她与毕业时获得心理学学士学位之间的全部障碍。“为什么我需要了解统计学？”她恳求道，“我只想成为一名心理学家！”我能决定她是否以心理学专业毕业（她可以以不同的专业毕业）。

她的问题与第9章中提出的关于研究方法论的必要性的问题相似，但这里我们将特别关注统计学。我向她提出了以下问题（参见Paulos，1990）：“假设天气预报说周六有50%的机会下雨，周日有50%的概率下雨；这是否意味着100%确定周末会下雨？”

“是的，”她迅速地说，她显然以为我会对她的概率知识印象深刻。

“现在假设天气预报说星期六有50%的概率不会下雨，周日有50%的概率不会下雨；这是否意味着周末有100%的把握不会下雨？”

“是的，”她说得有点慢，开始意识到自己落入了陷阱。① 我向她解释说，当涉及到天气时，我们确实不需要了解概率，因为我们可以依靠广播来知道我们什么时候应该带伞。但是当我们解释一个经验的结果时，我们需要为自己做决定。

统计学知识有助于我们在面对不确定性时作出更好的决定。某种新的心理治疗方法真的比旧的方法好吗？实验者是否使用了足够多的受试者来确信结果不是侥幸？统计学有助于防止我们对某些单独的案

①在这个情况中，该学生并没有将概率相乘，而是将概率相加了。“周末不下雨的概率”是“周六不下雨的概率”乘以“周日不下雨的概率”，即$0.5\times0.5=0.25$；而“周末下雨的概率”则是0.75，因为所有结果的概率加起来必须等于1.0，即“周末下雨的概率”=1.0，“周末不下雨的概率”$=1.0-(0.5\times0.5)=0.75$。

例印象太深(见本书第36章和第43章)。许多研究人员被实验中的先行数据所吸引,但在对更多的受试者进行测试时,却发现之前的实验效果消失了。

因为有非常多的因素会影响人类和动物的行为,所以大多数心理学及相关专业都需要学习统计学。如今,大多数科学家都学习统计学。许多其他学科,包括商科,都需要统计学的知识。我们甚至可以说,统计学知识应该是今天通识教育的一个必要部分,但这是另一个话题。

最终,那个三次都没有通过统计学考试的学生毕业时没有以心理学专业毕业。

练习:

查看你的大学专业课目录,看看有多少专业要求必修或者选修统计学课程。

第11章

但书上是这样说的……

原则：谨防间接资料。

在你的心理学课程结束前的某个时候，你的导师可能会说："你看的书上是这样说的，但实际上是那样的。"你的老师有可能了解一些连教科书作者都不知道的信息。你不用对此感到惊讶。没有人能知道所有的事情，而且实际上，写入教科书的并不意味着是正确的。

出版实验结果的期刊被称为"直接资料（primary source）"，因为你可以从中获得某项研究的原始记录。对直接资料中发表的实验进行回顾的书籍被称为"间接资料（secondary source）"。教科书的编写者经常依靠间接资料来获取信息。因此，如果间接资料有误，教科书作者也会有误。

这里有一个来自我专业领域的例子。许多心理学入门书籍在关于感官的章节中都有这样一张图，展示了对咸味、酸味、甜味和苦味的敏感性在舌头表面是如何变化的。图中显示，舌尖对甜味敏感，舌面靠近两侧的区域则对咸味敏感，舌面两侧更靠后的区域对酸味敏感，而舌根的一个区域对苦味敏感。

问题是：事实并非如此。的确，对不同味觉品质的敏感度在舌头上有一定的差异，上述例子所列出的区域大部分是对各种味道最敏感的区域。但是，除了舌头中部对任何味道都不敏感外，舌头的其他所有区域都对所有的味觉都敏感。

你为什么要相信我而不是你的教科书？我可以说我是一个研究"味觉"的专家，所以我知道这些事情。但更好的办法是，你可以很容易地自己证明这一点。舔一下你的手指，把它浸在糖罐里。然后用你的手指触摸你舌头的各个部位。你很容易在舌头的所有部位尝到糖的味道，除了中间的部位，在那里你什么都尝不到。（你将无法用手指触摸舌头的后

部而不感到恶心。你可以尝试用长柄的棉签来接触这个区域。)

那么,为什么你的书中会有这种错误的信息呢？在1901年,一个名叫哈尼格(Hanig)的人确定了整个舌头的味觉敏感性差异,并以舌头地图的形式公布了他的结果。这张地图进入了教科书,并从那时起这些内容被从一本书复制到另一本书。

关于哈尼格的研究结果,有两件事很有意思。首先,他没有声称只有某些区域对这四种味道中的某一种敏感。他是说,某些区域比其他区域更敏感。而互相抄袭的教科书遗漏了这一细微但重要的内容,就像聚会游戏"传话游戏"中那样。

第二个有趣之处在于,73年来,从来没有人去验证他的结果,直到1973年弗吉尼亚·科林斯(Virginia Collings)在我的实验室重复了该实验。与哈尼格一样,她也发现不同区域之间对不同味道敏感性的差异很小,在数量级上大约是二分之一至三分之一间。如果考虑到舌头的反应灵敏度必须在至少数万比一的情况,上述差异是相当微不足道的。

因此,一个只进行了一次实验的研究结果被各种书本鹦鹉学舌了几十年,甚至还是错误地重复,因为作者们互相抄袭,而不是回去看原始资料。

你认为科林斯的实验纠正了这种情况吗？自从她于1973年发表她的实验数据以来,已经过去了30年,尽管各种评论文章都指出了实际情况,但是错误的舌头地图却不断出现在教科书中。我认为在未来很长一段时间内我们仍能看到这些错误的地图。

练习:

问问你的老师,你的教科书中是否有她或他认为不正确的内容。

但我是在书上读到的!

原则：大多数提供给普通公众的信息来源是由受利益驱动的人制作的，因此应该只被视为一种娱乐。注意买方须自行留心（请读者们当心）。

我鼓励学生把剪报带到课堂上进行讨论。但当他们带来的时候,我又不得不说:“我对报道的观点持谨慎态度。”他们回答说:“如果这不是真的,怎么会出现在书上(或电视、杂志上)?”

学生们惊讶地发现,法律没有禁止在书中出版不真实的东西。现在我说的不是虚构的小说,小说不会妄言故事真实。我说的是那些声称发生了这样那样的事情但实际上却从未发生过的书。前段时间,有一本书作为非小说(即作为事实)出版,描述了一个人是如何被克隆的。结果发现这个故事是虚构的,因为它被描绘成了事实,但并没有违反法律,这引起了很大的争议。

可以肯定的是,如果一个人在书中诽谤某人,他可能会被起诉;如果一个教授发表了一篇学术论文,声称自己做了某项实验,实际并没有做,那这名教授可能会面临法律方面的麻烦。但是,没有法律明确地禁止出版不实之词。

这种情况与我们在第 11 章讨论的情况类似,我们在该章中谈到了教科书并不总是准确的事实。不同的是,教科书力图保持高水准的精确度。他们必须这样做,否则教授们就不会在他们的课程中采用这些书。但在这里,我们谈论的是广义的书籍,还包括杂志、电视、广播、电影,即大众传媒。

我们可以讨论许多媒体在描述事实时不是特别准确的案例。几年前,电影《肯尼迪》将约翰·肯尼迪总统的遇刺事件描绘成一个巨大的阴谋。我记得与某人的谈话,他敦促我去看这部电影,因为他觉得这部电影非常发人深省。我的回答是,它与已知的事实相矛盾,并提出了其他没有证据支撑的观点。因此,我认为没有理由去观看这样一部作品来帮助我判断究竟是谁杀了肯尼迪。

关于超感官知觉和相关主题的书籍也是我们所讨论的绝好例子。有很多这样的书,其中绝大多数都声称超感官知觉的存在。几年前,我决定有必要写一本讲述故事另一面的书,于是我开始写本书的草稿。我写了几章,并把它们寄给了一些出版商,这是出版一本书的正常流程。他们都回信告诉我,这些材料非常有趣,但这样的书没有市场。一位著名出版商告诉我,如果我能改变我的结论,说明超感官知觉确实存在的话,他们会很高兴地出版我写的书!(从那时起,一家名为"普罗米修斯"的出版公司成立了,专门出版对超感官知觉概念持怀疑态度的书,他们已经出版了许多此类书籍。但事实是,绝大多数关于超感官知觉的书都是说这个理论是存在的。)

为什么持怀疑态度的书籍出版得这么少?一个简单的事实是,绝大多数的书都是由那些想赚取利润的人出版的。如果某本书有可能获利,它就会被出版;否则,它就不会被出版。而所有的媒体都是如此。他们制作的书籍、节目和电影,人们会花钱去阅读或观看。我们可以详细讨论关于尼斯湖水怪、诺亚方舟、超感官知觉等电视纪录片中的错误信息和失实报道。你只要谨记,电视和书籍都属于娱乐,它们的制作者都需要赢利。

我可以再举一个受媒体歧视的例子。几年前,当以色列"通灵者"乌里·盖勒(Uri Geller)处于其受崇拜的巅峰时,他被安排参加匹兹堡一家主要电台的脱口秀节目,作为他在美国巡回演出的一部分。碰巧当时我正在教授一门关于超感官知觉的课程,我刚刚讨论过盖勒以及他是如何变魔术的。碰巧的是,该节目的制作人是我班上的学生。她邀请我在盖勒出演之后的那个晚上参与节目,讨论盖勒的神秘方法。我很不情愿地同意了,因为我知道,揭露特异功能的科学家往往会得不偿失(盖勒后来起诉了几个在公开场合批评他的人)。

但后来制作人给我回了电话,怯生生地说,她不得不取消对我的邀请。原来,她所在电台的老板否决了对我的邀请。老板告诉她,他们从事的是娱乐事业,而揭穿谎言并不是娱乐。因此,你需要认识到,几乎所有的普通人可以获得的信息来源都被利益动机所支配。换句话说,这就是不得不面对的现实。

那么,你能相信谁呢?你可能不会对于我认为教授和他们在学术书籍和期刊上的文章是比商业媒体更可靠而感到惊讶。我并不是说教授们比其他人更高尚。我也不是说他们没有偏见。只是教授们可以更自由地去说出他们认为是真的事物。有一次,我在当地电台节目中驳斥超感官知觉之后,一个愤怒的女人打电话给大学,试图让学校将我解雇。她似乎认为让一个怀疑论者讲授超感官知觉就等于让一个无神论者传授宗教一样。但我有终身教职,而且大学崇尚学术自由,所以她被礼貌地告知,意见未被采纳。

教授们不像其他许多作家那样容易受到市场力量的影响。他们在不需要赢利的期刊上发表作品,在不打算面向大众市场的书籍中发表作品。他们寻求的是影响同行的教授们,而不是听脱口秀广播的人们。因此,他们比商业媒体可能更加可靠。可以肯定的是,少数旨在为大众服务的杂志和书籍通常是可靠的,但它们毕竟是少数。

练习:

翻阅超市的小报,寻找一个与心理学有关的故事。列出在你相信这个故事之前,你要问你自己的一些问题。

但这是一本心理学书籍!

原则：科学书籍和期刊列举引文来证明它们提出的观点。

这一点与第12章中的观点相似。不仅某些书(比如教科书)比其他书更可靠,因为它们是由高度重视准确性的人写的,还有某些书的资料来源更可靠,因为它们列举引文来证明其主张。

你可能有过这样的经历:在报纸或杂志上读到一个有趣的科学新发现,然后你想对这个主题进行更多的阅读。你可能在文章中徒劳地寻找,以发现更多的信息。比如文章可能引用了某某教授的话,但没有标明出处。另一方面,有些文章,特别是在主要的报纸和杂志上,会写上这样的话:“在6月份的《实验心理学杂志》上,某某教授报告说……”这至少给了你一个开始。

但你经常会在书中或杂志上读到一种说法,却没有任何线索去获知有关该主题的更多信息。在第14章,我们讨论了威尔逊·布莱恩·基(Wilson Bryan Key)的《潜意识的诱惑》一书。这本书和他几本类似的书都声称提供了关于潜意识广告(其中大部分是关于性本质的)是如何给公众洗脑的科学信息。我的许多学生都读过这本书,并认为它很有说服力。然而,看看他是如何证明其论点的,也是很有启发的。他列出了5页的参考资料,在你认真仔细地研究它们之前,这些资料似乎很有说服力。

在一本科学著作中,你希望看到对描述原始研究的文章的引用。原始研究通常发表在期刊上,这些期刊在文章发表前有一个由其他科学家精心审查的过程。二级资料,如教科书,通常基于原始研究,并在参考文献列表中提供具体信息,告诉你可以在哪里阅读更多关于该讨论的内容。

相比之下,基先生书中典型的参考文献是与他自己的书很相似的、面向普通读者的书;如果你试图找到他的引文的来源,最终只是在绕圈子。基先生的参考书目中的典型书籍有埃里克·伯恩(Eric Byrne)的《人们玩的游戏》或埃尔德里奇·克利夫(Eldridge Cleaver)的《冰上的灵魂》。前者是流行心理学,后者是一本回忆录。在他的参考文献中,只有少数几本书是科学著作但并没有具体支持他的观点。

事实上,虽然这本书有一个章节被标为"参考资料",但它实际上只是一个书单,可能与他在书中所说的内容有关,也可能无关。这些书在书中不一定被提及(因此称为参考)。它们只是被列在最后,暗示它们支持他所说的内容,而没有说明其中可能存在的联系。

相比之下,一本科学著作会在讨论某个特定想法的地方提供一个注释,这样你就可以在参考文献列表中寻找你需要的具体信息,以追踪有关该主题的更多信息。此外,索引通常会列出书中讨论某个人的详细研究。然而,在像这样的流行书籍中,这些想法只是浮在那里,没有办法找到更多关于它们的信息或找到它们的实际来源。如果你真的去查看这样一本书末尾列出的书单,你通常会发现你是在进行一场"雁过拔毛式"的追赶,因为其他的书要么与你开始的那本书关系不大,要么就是太相像了。

我关注基先生的书,因为它声称是基于经验证据(事实)的,而且我的学生经常问起它。尽管论述这个有点费口舌,我还是要举几个最近的例子,这些例子在如今的书店货架上很容易找到。

M.斯科特·佩克(M. Scott Peck)的《人迹罕至的路:爱、传统价值和精神成长的新心理学》(1978年),只有大约24篇参考文献,鉴于其315页的篇幅,这是一个相当吝啬的数字,而且其中有很多是关于诗歌的。《内在的力量!挖掘你的内在力量并计划你的成功》(1994年),作者是詹姆斯·范-弗里特(James K. Van Fleet),有8个参考文献,其中4个是关于范-弗里特先生本人的其他书籍。《为爱而生》(作者也被称为“爱博士”),作者是利奥·巴斯卡利亚(Leo Buscaglia,1992),没有参考文献。《执着的爱:当爱太痛就无法戒断时》,作者是苏珊·福沃德和克雷格·巴克(Susan Foreward & Craig Buck,1992),没有参考文献,但有10本推荐阅读的书单。

我可以举出更多的例子。但根据我的经验,罗伯特·萨德洛(Robert Sardello)是最过分的。他试图把他的《用灵魂面对世界》(1994年)一书中缺乏参考文献的情况变成一种美德,包括以下浮夸的废话。

代替参考文献

> 由于这些信的目的不是为了展示不存在的博学,而是始终试图以世界为师,所以我并不是想让你去读那些多年来激发并塑造了我的想象力的宝贵作品。不过,我还是要陈述一些书的名字,你们也可以将其作为寻求灵魂的巡回旅行者经过。(p. 187)

这个声明之后是一份大约50本书和作者的名单。

请记住,阅读二手资料并无不妥。你现在读的这本书很大程度上是第二手资料,因为它大部分是基于其他人的原始工作。但是,如果作者声称这些二手资料具有科学性,就应该给你提供其原始资料的参考。

练习:

观察任何一家书店的畅销心理学区。检查这些书的背面,看看它们是如何列举引文来佐证其主张的。它们与你的心理学教科书相比如何?

第14章

但每个人都知道……

原则：许多“大家都知道”的事情根本不是真的，要去求证事实依据。

多年来，学生们一直问我关于"吃爆米花"和"喝可口可乐"等字样在电影屏幕上有意地闪现以潜移默化地增加销售额的实验。许多年来，我都会耸耸肩，说我很难对此发表意见，因为我从未在学术期刊上看到过这个实验的具体细节。

最终，我在威尔逊·布莱恩·基（Wilson Bryan Key）的畅销书《潜意识的诱惑》（*Subliminal Seduction*，1973）中读到了关于这个实验的报告。我很好奇，就在书的后面寻找这篇文章的参考资料，看看我在哪里可以读到更多关于它的内容。我找了5页的参考资料，但没有一篇似乎与该实验有任何关系。（重要的是，正如第13章讨论的那样，你会发现在那本书中寻找发表原始心理学研究的期刊的参考资料是徒劳的。）

此后，我开始向我的学生提出现金奖励：谁能给我带来关于"吃爆米花"研究的原始文章的参考资料，就奖励谁。我真诚地提出了这个提议，因为我真的想看看它是如何做到的。当没有人能够提供参考资料时，我不断增加奖励，但仍然没有参考资料出现。最后，我发现这个实验从来没有被做过。根据斯图尔特·罗杰斯（Stuart Rogers，1992—1993）的调查，这个故事是一个叫詹姆斯·M.维卡里（James M. Vicarv）的人凭空捏造的，他用这个故事为他的营销咨询业务创造了数百万美元的业务。当他显然得到了足够的钱退休时，他就消失了，没有留下银行账户，人去楼空，也没有联系地址。

几乎每个人都听说过这一实验，这可能是有史以来最著名的心理学实验之一。然而，它从未发生过！

有意思的是，为什么这个想象中的实验会如此彻底地融入我们的文化记忆中。它似乎有许多都市传说的特质——众所周知但事实可能并非如此,例如据说在纽约市下水道系统中有鳄鱼生存。社会学家告诉我们,都市传说的特质是其必须是合理的且必须激发每个人都有的一些深层恐惧。在鳄鱼的案例中,它是一种恐惧,即当我们坐在马桶上时,会害怕有一只鳄鱼从马桶里爬出来咬掉我们的隐私部位。用弗洛伊德的话说,是一种阉割焦虑(至少对男性而言)。潜意识感知在操纵我们可能在不知不觉中产生的恐惧。

因此,我们应该为所提出的观点和主张寻求证据。

练习:

阅读你的教科书中任意一个段落。注意书后参考文献列表中列出的文章和书籍是怎样证实其观点的。你是否发现有什么重要的观点,或描述的实验,是你无法从原始资料中读到的?

第15章

我认为心理学是关于人的科学，而不是数字的科学！

原则：科学研究需要可公开观察的、可靠的数据。

许多学生报名参加心理学入门课程，期望学习如何与室友更好地相处，或期望能成功地与异性交往等。当老师进行研究方法、统计学和其他似乎与人相去甚远的内容的讨论时，他们感到很沮丧——更糟糕的是，心理学似乎把人当作数字，而不是活生生的人。

这种挫折感来自对心理学的误解。毫无疑问，你已经从你的老师那里得知，心理学是一门科学，而不仅仅是一种专业或技术。这句话在心理学课上经常出现，以至于学生们有时会怀疑这是否是某种让我们进入适当的状态来谈论心理学的咒语。

许多人对心理学的理解来自在谈话节目中散布不可靠信息的嘉宾“专家”。你应该意识到，许多资历较浅的人认为应该利用心理学的好名声来提高他们在公众眼中的地位。事实是，心理学领域与大众对它的理解相当不同，心理学在实际中涉及的研究比大多数人所意识到的多得多。

即使那些从事心理学实践而不做研究的人，他们的实践也是基于研究。这就是为什么几乎所有想成为心理学家的人都必须学习研究方法（见第9章）。因此，心理学花费了大量的时间来讨论研究，换句话说，就是数字。原因很简单：为了成为一名科学家，你必须对事物进行测量。测量是将科学与不属于科学的类似学科区分开来的主要因素之一。

以数字的形式衡量人们的行为，使科学家精确地分析他们所谈论的内容：“哦，我明白了。当她说‘配偶虐待’（spouse abuse）时，她是指伴侣造成的需要医疗照顾的伤害的次数。”这就是所谓的操作性定义。它定义了我们用来衡量这个概念的操作方法。上述配偶虐待的操作性定义，当然不包括所有可能被认为是虐待的行为。也许有更好的定义，但即使

是这个定义,也给了我们一种方法来计算事件,比较群体之间的差异、寻找随时间变化的趋势等。简而言之,数字提高了我们观察的精确度。

操作性定义还有另外的作用。它使其他人有可能以完全相同的方式计算虐待配偶的事件。这就是科学的数据如何成为可公开观察的看点。任何愿意这样做的人都可以观察同样的情况并做出同样的观察。这就是实验的可复制性(重复性)。换句话说,这些数据是客观的。这里的客观性仅仅意味着每个人都会就有多少起虐待配偶的事件达成一致;这并不意味着其他人不能以不同的方式来定义这个术语,也不意味着这个观察是由机器人做出的。

应用数字或量化所带来的优势是非常大的,以至于人们常说,一门学科的科学地位可以通过它对数字的利用程度来衡量。数字不仅提高了我们讨论的精确性,还使我们能够推导和测试模型,其力量是单纯的文字所无法比拟的。比如说地球以一种环形方式绕着太阳转动是一回事,但是说地球沿着一条椭圆的路径围绕太阳公转,可以让我们对它进行数学建模,并且可以非常精确地预测冬至、日食等事件。

虽然心理学中的数学理论的精妙之处不太可能与天文学相提并论,但它的数学模型的复杂程度比读一本入门教科书所推测的要高得多。浏览《心理学评论》这样的期刊,可能会让大多数学生感到惊讶,因为要理解其中的文章需要大量的数学知识。

练习:

对暴力事件进行操作性定义,这对研究不同电视节目的暴力程度有何帮助?这样做又会如何减少不同电视节目暴力内容比较中的主观性?

第三编

生理基础

伊万·彼得罗维奇·巴甫洛夫（Ivan Petrovich Pavlov, 1849—1936），俄国生理学家、心理学家、条件反射理论的建构者，高级神经活动生理学的奠基人。他是传统心理学领域之外对心理学发展影响最大的人物之一。

第16章

我们为什么要学习关于大脑的知识？

原则：关于人类有机体的生物学知识可以使人们对自身行为有更多深入的了解。

几乎每本心理学入门教材都至少有一章是关于大脑的。虽然部分学生认为这是课程中最有趣的主题之一，但其他学生则想知道为什么有必要学习这些似乎属于生物学课本的内容。

你可能已经从你的教科书中所涉及的主题注意到，心理学是一个覆盖范围非常广泛且多样化的领域。其中，有些知识与生物学相差甚远，而有的知识似乎更像是生物学而不是心理学。但其实心理学的直接历史根源之一是生理学——生物学的一个分支，研究各种器官系统的功能。从那时起，心理学和生物学之间就有了密切的联系。

将心理学视为一门生物科学有许多好处。首先，它使我们看到人类的行为与其他动物的行为有很多的共同之处。从这个角度来看，我们不难发现，动物研究可以告诉我们很多关于人类自己的思维过程。这是许多心理学家把他们的职业生涯用于研究鼠类的学习能力、鸽子的感知能力、猿猴解决问题的能力等主要原因。

其次，生物学观点表明，我们应该能够看到进化过程是如何塑造我们的行为的。心理学家最近利用进化论来帮助他们理解诸如约会偏好、配偶虐待和空间感知中的性别差异等人类现象。

再次，通过观察一些受干扰生命体的生物学效应，我们对心理过程产生了非同寻常的认识。比如一些最惊人的发现来自遭受中风或其他类型脑损伤的人，在这些不幸的人身上看到的行为变化非常清楚地表明，关于“大脑如何工作”的知识可以帮助我们理解人类行为。

以菲尼亚斯·盖奇(Phineas Gage)的经典案例为例。1848年，他是一位佛蒙特州的为拉特兰和伯灵顿铁路修建新线路的工作小组的工头

(Macmillan,1986)。盖奇在一个洞里捣鼓火药爆破一些岩石时,突然一个火花点燃了火药,引起了可怕的爆炸。一根长约1米、直径约3厘米的杆子飞起并穿过他眼睛下方的颅骨,并从他的头顶飞出去,落在大约46米远的地方。

菲尼亚斯·盖奇不仅在爆炸中幸存下来,而且几乎没有失去意识,最终在某种程度上康复了。但他的行为却永远改变了。以前他是一个善于交际、有责任心的人,现在他变得很狂躁,脾气很坏,而且不能从事正常工作。他最终只能在游乐场以卖艺为生。

菲尼亚斯·盖奇提供了一个最早和最引人注目的证据,即各种心理功能都对应大脑的不同部位,这与当时流行的观点相反,当时人们认为大脑是作为一个整体在工作,类似于思维的肌肉。而我们现在知道,在菲尼亚斯·盖奇的案例中被破坏的前额叶负责计划和执行复杂的活动——这正是盖奇在事故后无法做到的。

自菲尼亚斯·盖奇的事件以来,我们已经了解了大量关于大脑损伤可能产生的各种变化。例如,一些中风患者无法识别面部,尽管他们可以看到并识别其他物体。他们甚至能够描述与面部相关的其他特征——胡子、帽子、雪茄等。我们也学到了很多关于大脑的哪些部分参与了这些功能。因此,心理学家对大脑的工作方式感兴趣就不足为奇了。

练习:

看看教科书中关于大脑的章节,寻找如果没有大脑工作原理的知识就无法理解的心理学现象。

但在我们知道其生物基础之前，我们能真正理解行为吗？

原则：许多心理过程是有机体的突发属性，不能还原为更基本的分析水平。

当然，这个问题是上一个问题的另一面，为什么我们需要知道大脑的工作机制。这个问题假定，为了理解一种行为现象，我们需要在比行为更基本的层面上解释它，即生物学。

通过在更基本的层面来解释心理过程从而理解它的想法，我们称为“还原论”。因此，有些人会说，我们真正理解一个心理过程（比如学习）是通过解释它的生物化学过程，如大脑中神经递质的变化。我们将从物理学的角度来解释神经递质的生物化学过程，以此类推。（“以此类推”存在一个问题，你能在哪里停止分析呢？）

“还原论”的另一个问题是，并不是所有的东西都可以被还原到更基本的层面。有些属性是突发的。也就是说，它们在某一特定的复杂程度上不可预测地出现，且不能被还原到较低的水平，因为它们不存在于那个层面上。例如，在进化过程中，像大脑这样的器官的发育，不能用它们所组成的神经元来解释。你也不可能根据单个神经元的活动来预测大脑如何工作，直到它们出现在进化的进程中。

也许最明显的突显特性的例子是计算机的运行。计算机是由电子元件组成的，遵从所有的电子学定律。但计算机编程与数学和逻辑有关，与电子学无关。为了了解计算机的运行，有必要了解它们是如何被编程的。一个程序可以以不同的电子形式输入计算机，并且它在每台计算机上的运行方式完全一致。事实上，从理论上讲，用 Tinkertoys（一种益智积木玩具）建造一台计算机是可能的。因此，通过将程序简化为电子器件来理解计算机的工作原理是不可能的。程序必须被理解为其自身层面的逻辑系统。

许多(但不是全部)心理过程也是突发的,因此不能从组成它们的更简单的过程中预测出来。一些可能随机突发事件的心理过程是意识、群体结合体的形成和操作性条件反射。

让我们以操作性条件反射为例,来理解条件反射的概念,包括强化物(reinforcer)、辨别性刺激物(discriminative stimulus)和强化程序(schedule of reinforcement)。这些术语都不能用大脑的结构或功能来解释。它们是突发的属性,不能被还原到一个更基本的层面。

因此,尽管理解行为的生物学基础是很重要的,正如我们在第16章中所论证的那样,但坚持认为只有把一个现象还原到更基本的分析层面才能理解它是错误的。

练习:

下列解释中哪些是还原论的,哪些不是?

1. 布拉德的抑郁症是由大脑中的化学物质失衡引起的。

2. 布拉德的抑郁症是由于他认为他的问题是自己无法控制的。

3. H先生的左脑前额叶发生中风后,无法说话。

4. 当苏打水贩卖机里没有他最喜欢的品牌时,杰夫踢了贩卖机,说明了挫折—攻击法则。

(答案:1和3是还原论。)

第18章

心灵是如何控制身体的？

原则：大多数心理学家是一元论者。就是说，他们认为心灵是大脑活动的代名词。

雷尼·笛卡尔(Rene Descartes)是16、17世纪之交的法国哲学家。笛卡尔想知道心灵是如何控制身体的。他认为心灵是一个非物质的实体,以某种方式与物质的身体交互作用。他选择大脑中的松果体作为心灵的栖居之所有两个原因:首先,这是他所知道的大脑中唯一的单一结构,其他结构似乎都是成对出现的,而心灵显然是(对他来说)单一的;第二,松果体靠近脑室,他认为脑室具有心理功能。

笛卡尔选择松果体作为心灵的栖居之所的两个理由都是错误的。首先,脑垂体也不是一个成对出现的结构,但他不知道这一点。第二,脑室没有直接的心理功能。

但大多数心理学家、神经科学家和其他研究大脑的科学家都认为,笛卡尔在另一个方面是错误的,而且是更基本的错误。他们不相信心灵是一种不同于大脑的东西——“精神”“灵性”或其他东西。他们认为“心灵”(mind)这个词是一种大脑活动的简写或非正式说法。换句话说,心灵就是大脑所做的事情。

这种现代立场被称为唯物主义一元论(materialistic monism)。它是一元论,因为它认为只有一种现实,或“根本”。它是唯物主义的,因为它认为这一种东西是物质的,而不是精神的或灵性的。可以肯定的是,还有其他的可能性存在。

另一种观点认为存在一个物质世界和一个心理世界,称为二元论(dualism)。笛卡尔的二元论类型被称为交互二元论(interactive dualism),因为他认为心灵可以影响大脑。然而,二元论者有一个问题,即解释非物质的心灵如何能与物质的大脑交互作用。笛卡尔认为他知道交互作用发生之处,但今天的科学家认为他没有解释它是如何工作的。

有趣的是,尽管我们认为笛卡尔对身心互动的看法是错误的,但实际上他已经向前迈出了一大步。他认为,大量我们称之为精神过程的东西,包括动物的所有行为,都可以仅仅通过了解大脑来解释。他只将“心灵”用于意识、自由意志和理性等纯粹人类的过程,而否认动物有心灵(Hergenhahn,2001)。

最后,我们应该提到的是,一些心理学家出于科学研究的目的,同意将心灵看作是大脑的活动,但不一定同意这是真实存在的情况。换句话说,他们在做科学研究时可能会做出一元论的方法论假设,因为这似乎是科学实践必需的方式。但是,在他们的内心深处,他们可能相信存在超出物质世界的东西。

练习:

思考一下,类人猿能够进行许多高级的认知过程,包括通过计算机进行交流。那么,笛卡尔对非物质心灵的需求在哪里呢?如果能证明人猿是有意识的,有自由意志的,并能理性地思考,那又说明了什么呢?

我们为什么不谈论心灵到底是什么？

原理：试图研究某样事物到底是什么，就是犯了本质主义的哲学错误。

这是心理学中最受争议的问题，在研究实践和课堂教学中也经常遇到。许多学生选修心理学课程，期望了解心理，但当他们发现自己只学到了一些关于感知、学习、记忆等方面的知识时，他们最多感到失望，或者更糟糕的是疏远拒绝。他们有时会抱怨说，我们没有探讨心理到底是什么，而是研究它是如何工作的，却忽略了它的本质——它的基本性质或终极事实。

这种对心理学的抱怨是完全准确的。事实上，心理学家们并不太关注心灵到底是什么，而是把时间花在研究它是如何运作上。“心灵是什么”的问题留给哲学家去解决。诚然，心理学家对心灵是什么也有自己的看法：大多数心理学家认为，心灵就是大脑所做的工作。换句话说，他们认为心灵是大脑的活动，而当然的，大脑是人体的一个器官。

虽然这个抱怨有点道理，但它反映了对科学家工作的误解。生物学家研究生命，但你要等很久才能听到生物学家试图定义什么是生命。我记得自己还是一名大一的生物学学生时，学到了“生物”的几个特征：生长、新陈代谢、繁殖，诸如此类。但这些过程并不能定义生命，它们只是生物体显示的一些重要特性。你无论研究生物学多长时间，都无法离理解生命的本质更进一步。

如果你反对“心理学家未能抓住人类心灵的本质”这点，这种理解既有合理性又有不合理性。合理性是因为科学家从未抓住任何事物的本质。不合理是因为你不应该期望科学能告诉你人类心灵或其他任何事物的本质，这超出了科学的范畴。

感知、学习、记忆等都是过程：我们如何感知，如何学习，如何记忆。

我们在理论上讨论心灵如何运作,而不是讨论它是什么。未能在一个事物的本质与该事物的功能之间做出这种区分,有时被称为本质主义(essentialism)的错误。

再比如,我们用“美”和“美丽”来形容许多事物和许多行为:鲜花、音乐、亲切的话语。试图找出所有这些对“美”这个词的用法的共同点是不可能有结果的。天空没有“美”的本质,没有抽象的美的概念,也没有美的理想的形式。

本质论在心理学的许多领域都存在,但在我们谈论意识时尤其如此。首先,“意识”(consciousness)这个词[连同其形容词形式,有意识的(conscious)]有许多不同的含义。我们说某人是有意识的,而不是睡着的;某人对她所处的位置是有意识的;一件事实是可以被意识到的,诸如此类。这些用法每一个都是不同的,通常可以通过上下文语境来理解其准确含义。

若认为“有意识的”这个词的所有这些用法都有一个共同点,那么这就犯了一个错误,即认为我们每次使用同一个词,就一定有一些共同的基本含义。而事实上,它有许多含义,它的意义取决于我们如何使用它。

许多研究认知的心理学家会说到一种思想存在于“意识”中,就像我们在某一时刻意识到一个人的名字。他们也会谈论意识在思维中的作用,比如当我们有意识地研究某一数学问题。从这种用法来看,有些人认为意识是某件事情或某个地方。他们有时会更进一步,试图从理论上说明意识是什么。

事实是,意识什么都不是。也就是说,它不是任何事物。意识是某些心理过程的属性,而不是其他心理过程的属性。如果我们总为“意识是什么”费心力,我们就会被本质主义的谬误所困扰。

真正卓有成效的做法是,根据特定情况提出有关意识作用的特定问题。例如,心理学家研究,被试如果有意识地思考支配任务的规则,是否会更好地学习某项特定的任务。在这样的实验中,被试可能会被要求在做题时大声说出他们对答案的猜测。问题是他们是否会比只做题的人学得更快。这里,“意识”被定义为大声说出猜测,就是这样。

有时,专业的心理学家也会犯本质主义的错误,从花了几千页的篇幅来争论“精神障碍”到底是什么就可以看出。这种争论假定精神分裂症、抑郁症、注意力缺失障碍、酗酒等都必须是共同拥有自然界中存在的一些决定性的属性。利林费尔德和马里诺(Lilienfeld & Marino,1995)认为,精神障碍并不像“单身汉”(可以定义为未婚男性)那样,形成一个有明确界限的群体。相反,他们更像“飞行物”,其中包括一些但不是所有的鸟类、哺乳动物和昆虫。他们建议,心理健康从业人员少花点时间去定义精神障碍,而应集中精力研究如何治疗那些表现出问题行为的人,这样会取得更大的进展。

练习:

生物学家们对“倭黑猩猩与普通黑猩猩是不同的物种”存在分歧。在研究黑猩猩的行为之前,有必要纠结这个问题吗?请说明一下你的想法。

第20章

人并不是机器！

原则：科学通过寻找机制来解释行为。

事实是，人就是机器。我们的肌肉和骨骼构成了机械杠杆系统；我们的心脏是泵；而我们的眼睛就像照相机。此外，科学的一项基本任务是利用一些人类功能，并试图发现能模拟它的机制。

当心理学家开始研究我们如何感知世界时，他们了解到，外部世界的图像被投射到眼睛的视网膜上，就像照相机将图像投射到里面的胶片上一样。问题是，大脑是如何解读这个图像的？由于缺乏对感知的机械性解释，当时的心理学家们认为，脑袋里一定有什么部件在解释这个图像。这个部件被称为“侏儒(homunculus)”，其字面意思是“小人”。“小人”被认为是看着图像并将其转化为一种感知。有一个很重要的问题是——“小人”是如何工作的？换句话说，说“‘小人’做了什么”根本就不是对这个问题的解释；它只是把问题再往前推了一步，根本就没有解释它。

今天，我们知道大脑中的某些神经元如何对投射到视网膜上的物体图像的特定特征作出反应。这方面的知识已经消除了对“小人”这一概念的需要，因为我们可以描述一种来执行部分感知过程的机制。因此，我们已经用神经机制取代了“小人”。我们对知觉的了解越多，我们就越能描述它们的执行过程。简而言之，我们已经用一种机制取代了“心灵”这一说法。

提出机制的目的是为心理过程的运作提供详细的解释。这种解释将由那些功能已为人所知的元素组成。当我们用大脑中神经元的运作来解释知觉时，我们是在用一个真实的、机制化的过程来取代一个想象的、非机制化的、我们不了解其功能的“小人”，而这个过程的特性是被了

解的。以前我们不得不用“小人”解释(interpret)图像,而我们现在可以说,大脑中的神经元在收到来自眼睛的视觉输入时作出反应(respond)。“小人”的“解释”需要“小人”有智慧,所以它根本就没有解释。援引神经元的解释利用了神经元如何与其他神经元相连的知识(我们还没有讨论过)。后者是一种解释,因为它诉诸我们所理解的事物。

你不应该从这次讨论中得出结论,认为所有的科学解释都必须用生物过程(就像感知的例子那样)或者用我们可以指向的东西来表达。心理机制可以包括“挫折导致攻击”的原则。但没有必要在大脑中找一个被标为挫折或攻击性的部分(见第 17 章)。

近年来,计算机一直是非常流行的人类思维的机械模型。我们已经习惯了计算机以一种看起来非常智能的方式行事。它们可以记忆、回答问题、解决问题,甚至可以理解简单的言语指令。简而言之,它们可以做许多人做的事情,通常速度更快,而且往往更好。当计算机做一些看起来很聪明的事情时,我们不难相信它是由某种机制完成的,因为我们知道计算机是人类设计的机器。虽然我们不会自动假设计算机是以人类的方式做类似人类的活动,但我们获得了一些信心,即人类的思维过程有可能被机械地解释。许多认知科学家运用计算机知识提出和检验心理活动的机制。

练习:

想一想,有哪些心理过程可以用机制来解释。

提示:在书中关于感知的章节中寻找关于深度和距离线索的讨论。

我们是否真的只使用了我们大脑的10%？

原则：有时我们持有的信念仅仅是因为它们具有实用价值，而不是因为有证据支持。

这个所谓的事实是心理学花园中最难根除的杂草。可能每个人都曾被老师劝说要更加努力工作，因为“我们只用了10%的大脑——想象一下如果我们用了100%的大脑，我们能做什么”。

让我们实话实说——这不是真的。这是“每个人都知道”的不可能的事，但事实并非如此。它怎么可能是真的呢？停下来想一想。这句话可能意味着什么？我们可以正常地使用大脑却不用另外90%吗？问问下一个告诉你这个“事实”的人，他或她想切除大脑的哪一部分。

还是说，如果我们努力，我们都可以成为爱因斯坦？或者说我们中的大多数人都可以在学校里做得更好一些，但能好10倍吗？

还是说我们可以用10倍的努力工作？也许有几个人可以多努力10倍，但我们所有人都能做到吗？如果我们尝试的话，我们很快就会把自己搞垮的。

或者这意味着，如果我们努力，我们可以学会音乐、篮球、绘画、攀岩、诗歌等。当然，我们都有尚未开发的天赋。但这是否意味着有一部分大脑在等待着被雕琢，而我们却没有使用？只要对大脑有一点了解，就会意识到我们所做的大多数事情都涉及大脑的很大一部分，所以不存在大片的脑组织闲着没事干。

巴里·拜尔斯坦（Barry Beyerstein，1999）曾试图追踪这个“10%传言”的起源。有一件事是相当清楚的：这个话题不是来自权威的科学家。这个传言似乎是从戴尔·卡耐基（Dale Carnegie）等人所代表的“积极思维运动”开始的，并继续由“人类潜能运动”的倡导者和成功激励专家不断传播。

这种信念只是我们持有的许多信念之一,因为它还是有一些用处的,但并不是因为它是真的。它表明我们都应该努力成为我们所能成为的最好的人,这是一个很难辩驳的想法。但是,我们应该谨慎,不能因为持有某种信念会让人受益,就轻易盲信。如果我们这样做了,我们都会相信自己是地球上最聪明、最迷人、最英俊或最美丽的人,因为这会让我们自我感觉良好。但唯一的问题是,我们可能并不是。(成为最聪明的人的概率是五十亿分之一。)

但我们都有一个倾向,就是相信喜欢相信的东西。比如我们相信我们的母亲爱我们,相信美国政府不会破产,相信天不会塌下来。所有这些事情我们希望都是真实的,而且我们不会浪费很多时间来担心它们。但我们也同样会倾向于相信其他一些可能不是真的事情,比如:我们可以控制我们的未来;如果我们吃得好并且锻炼身体,我们就能延缓衰老等。

对倾向于相信我们喜欢相信的事情,其中一个解药就是问自己——如果这个信念是真的,后果会是什么?比如,如果我是世界上最有魅力的人,我会在星期五晚上坐在这里读这本书,而不是成为白宫晚宴的贵宾?

不幸的是,对信仰的质疑会让我们非常不适(见第7章)。如果我们的母亲并不是真的爱我们呢?所以,人们往往不会去练习这种批判性思维。但是锻炼这种技能是常识中的一个重要部分,特别是当有人试图说服我们施舍金钱或放弃我们的信仰体系时。停下来想一想:蜜蜂甚至没有皮肤,那么蜂王浆对你的皮肤有多大的好处?

练习：

以下是你可能听过的两种说法，它们说明了即使不是真的，也可能是有用的信念。

1. 世上无难事，只怕有心人。

2. 每一天，每一个方面，我都在变得越来越好。

请再想三个。

第四编

发　展

让·皮亚杰（Jean Piaget, 1896—1980），瑞士发展心理学家，被广泛认为是儿童认知发展领域的奠基人之一。他对儿童认知的研究、为了解儿童思维和智力发展提供了重要的理论框架和观点。

第22章

为什么心理学家不相信惩罚？

原则：在解释行为时，回归平均值是一个非常常见的问题。

大多数心理学家不赞成惩罚的原因有几个。被惩罚的行为只是暂时被压制,而不是被遗忘。此外,惩罚并不能教会人们什么行为会得到奖励。也许最重要的原因是,它会产生不良的副作用,如导致攻击性、怨恨和抑郁(参见 Myers, 2001)。

然而,数以百万计的父母坚信,惩罚是有效的。而他们只要稍懂点心理学,便认为心理学家在惩罚方面也不过尔尔。对这些人来说,惩罚显然是有效的。此外,更有甚者认为行为奖励是无效的。

事实上,在某些情况下,惩罚似乎是有效的,而奖励却无效。我们来考察一个个案:一位女性家长整天照看孩子们,发现他们一直表现得特别好。作为对他们良好行为的特别奖励,她决定带他们去吃麦当劳,然后去音像店让他们挑选想看的影碟。但是,当他们到了麦当劳,一个孩子因为不能吃两个“巨无霸”汉堡而哭,另一个孩子在店里跑来跑去,惹恼了其他顾客。在音像店时,情况更糟糕。他们为租哪部影碟而争吵,其中一个小孩还发了脾气。在无计可施的情况下,她威胁说一个月内不带他们去麦当劳,并下决心认为行为奖励是没有用的。

第二位家长是一整天都在照看孩子们的父亲,他不胜其扰,苦不堪言。孩子们做了一件又一件的事情惹恼了他;最后,出于无奈,他关掉电视,把他们都送回房间。在一阵大吵大闹之后,他们终于安静下来,像小天使一样从房间里走出来。他由此断定,孩子就是需要惩罚,在他让孩子们知道谁才说了算后,孩子反而感到更快乐。

假设这两种情况发生了多次。这些父母通过交流经验得出结论:奖励好的行为没有好处,但惩罚却很有效。再假设这些父母对孩子的行为

观察是正确的。当奖励他们特别好的行为时,他们一般会变得更糟糕,而当惩罚他们特别坏的行为时,他们通常会变得更好。

问题是,即使父母的观察是正确的,他们的解释却是错误的。他们被一种叫作“回归平均值”(regression to the mean)的统计现象所迷惑。想想看,当孩子们表现得特别好的时候,若没有改善的空间——他们只能变得更糟。相反,当他们表现得像个小怪物的时候,就没有更坏的可能了,只能往好的方向走。因此,他们在受到奖励后必然会变得更糟,在受到惩罚后必然会变得更坏,即使这两者都没有任何影响。

回归平均值是解释行为的一个非常常见的问题。只要两个行为是相关的,或者同一行为被测量了两次,就会出现这种情况。除非这两次测量结果是完全相关的,否则平均而言,第二个测量结果的极端程度会比第一个测量结果低。原因与测量中的随机误差有关。如果孩子们的行为每天都在随机水平上变化,那么他们是好是坏就只是运气问题。如果他们特别好(或特别坏),就需要很大的运气。而在你第二次测量他们的行为时,运气不可能保持。因此,特别好或特别坏的行为不会继续。

所谓“《体育画报》的厄运”就是回归平均值的一个很好的例子。该杂志将杰出的运动员作为封面人物。人们普遍认为,这种曝光对运动员来说是一种厄运,因为他们的运动成绩在之后往往会一落千丈。但是,考虑到登上《体育画报》的封面,不仅需要运动员非常有天赋,而且还需要很多其他事情都恰到好处——换句话说,需要很多运气。按理说,运气往往会耗尽,所以运动成绩也就只能下降了。

在一项实验中,保罗·沙夫纳(Paul Schaffner,1985)向他的被试展示了一项计算机化的描述——一个假想的小学生在大量试验中的准时性和延迟性。他要求被试在每次试验后按照他们认为合适的方式适当地奖励或惩罚这个小学生。事后，被试认为他们实施的惩罚是有效的，而奖励则是无效的。

事实上，这个想象中的小学生的即时反应完全是随机的，他的行为与奖励、惩罚完全没有关系。但被试正确地注意到，奖励后的表现确实趋于恶化，而惩罚后的表现趋于改善。因此，他们的信念并不完全错误。他们只是错误地认为自己的所作所为与这个小学生的行为变化有关系。这与前面讨论的孩子们的例子是一个明显的相似实验。

最后，我不想让人形成只有在两个变量之间没有因果关系时才会发生回归平均值的印象。奖励和惩罚确实都有效果。但回归平均值的作用可能更大，以至于掩盖了奖惩的效果，从而导致我们得出错误的结论。

练习：

说明下列各项例子是如何成为回归平均值的。

1. 珍妮弗的体重一般在 120 至 125 磅之间，但她的体重因不明原因而波动。每当她的体重超过 125 磅时，她就会进行葡萄柚饮食，她的体重一般会恢复到正常范围。还有什么是除了葡萄柚饮食可能导致她的体重下降的原因？

2. 高尔顿教授注意到，第一次考试成绩特别好的学生一般会在第二次考试中下降几分，而成绩最差的学生一般会在下一次考试中有所提高。他的结论是：那些成绩优秀的学生松懈了，而那些成绩差的学生铆足了劲用功学习。还有什么其他原因会导致这种结果模式呢？

第23章

心理学的大部分内容不是常识吗?

原则：常识随时间的推移不断变化，它受到心理学研究及其他因素的影响。

我的父亲试图说服我不要去学心理学。他说:“心理学,一半是常识,另一半是无稽之谈。”我的父亲并非是一窍不通的门外汉,他取得了常春藤大学的硕士学位。而且他已经上了足够多的心理学课程,他的观点应该有一定的分量(显然,我没有听他的)。这也不是他一个人的看法, 因为我也从其他人那里听到了同样的观点。

好吧,心理学的大部分内容都不是常识吗?当然,有些心理学内容确实是常识,因为我们所有在大学里学习心理学的人都已经有多年的经验,试图理解人们为什么会有这样的行为,这些人也包括我们自己。如果我们没有至少几条的经验,那就太不可思议了。

但在理解人类行为时,常识有严重的局限性。首先,大量的人类行为几乎是无意义的。当我们试图想象杀人犯泰德·邦迪(Ted Bundy)或人道主义者特蕾莎修女(Mother Teresa)的心理时,我们会感到困惑,这是两种完全不同的心理。在处理日常生活中的许多情况时,常识并不能帮助我们,更不用说了解记忆、感知和其他心理过程是如何工作的了。

但是,常识的局限性更多显露在显而易见的行为差异上。很久以前,当人们被指控犯罪时,他们是否有罪要通过尝试咀嚼干粮并吞下它来检验。能够完成这一行为的人被认为是无罪的;不能完成的人被判定为有罪。这种做法可能有一定的道理。一个有罪的人很可能会被吓得口干舌燥,不能吞咽。但是,无辜的人也可能被吓坏了,以至于他们也无法做到这一点。如今,我们有更多的科学方法来判定无罪和有罪。

因此,很多时候在某一种条件下适用的常识在别的场景下可能并不适用。不久前,大多数父母都认为,对付在杂货店里发脾气的孩子的合

理方法是打他或她的屁股——也许当场打，如果他们希望避免闹剧的话，会在店外打（见第22章）。如今，在公共场合发脾气的孩子更有可能被放在一个偏僻的角落让他隔离反省，直到他或她安静下来。尽管在孩子的祖父看来，这种让孩子隔离反省的效果非常好，但还是令人惊讶。这并非偶然，隔离反省的做法是心理学研究和理论的直接结果。而且这是一项已经改善了数百万儿童、他们的父母以及其他有关人员生活质量的心理学研究成果。

因此，常识因时而异，因人而异。而心理学在塑造常识的过程中发挥了相当大的作用。自20世纪60年代我们的孩子还小的时候，我自己对打孩子的态度就发生了变化。当我看到一个孩子在公共场合被打屁股时，我会感到很悲伤，这种悲伤感让我自己都很吃惊。（我应该说，虽然我和妻子在孩子小的时候确实采用了打屁股的方式，但我们不常这样做。作为一名心理学家，我当时就意识到这是有问题的，尽管当时还没有广泛使用隔离反省。）

练习：

与祖父母谈一谈在他们的一生中孩子的教育方法发生了什么变化，问问他或她对这些变化有什么感想。

我一直都知道!

原则：事件发生后似乎比发生前显得更不可避免、更有可能或更可预测。这种效应往往会使心理学的研究结果不那么引人注目,而它们本应产生很大影响。

本章的观点有点类似于第 23 章，我们在那里讨论了常识与心理学的关系。学生们有时会抱怨，心理学课程告诉他们的都是一些已经知道的东西。

假设你在课堂上，老师给每个学生发了一张纸条。你读到："心理学家发现，具有不同性格的情侣反而在一起的时间更长。正如谚语所说，'异性相吸'。"老师问有多少人觉得这个结果并不奇怪。几乎所有的学生都举手，表示他们一直都知道。

然后老师让其他人读自己的纸条，你听到："心理学家发现，性格相似的情侣在一起的时间更长。正如谚语所说，'物以类聚，人以群分'（Myers, 1992/1995, p. 21）。"发生的情况是，班上有一半的人读到了与另一半人相反的假设结果。然而，班上绝大多数人都认为，无论他们读哪一个，结果都是显而易见的。

这种现象被称为"我早知道"效应或"后见之明"偏差。事实发生后，我们倾向于认为某些事件或事实比之前更明显。这种印象也会延伸到重大战役、总统选举和体育赛事，以及心理学研究的结果上。在大型比赛的前一天和之后阅读体育版文章是很有趣的。比赛前一天，人们对可能的结果进行了各种预测。比赛结束后，评论员们自信地解释为什么胜利者夺冠是必然的。

"后见之明"偏差对心理学的重要性在于，它往往会使研究的结果显得明显或微不足道，尽管很少有人能事先预测到结果。

练习:

以课本中讨论的一项心理学研究结果为例。用一个简单的句子概括结果,然后用另一个句子说明完全相反的结果。把这两个版本给不同的人,看看有多少人对结果感到惊讶。一定要在事后告诉他们实际情况。(在我们之前使用的例子中,研究支持了“物以类聚,人以群分”的谚语。)

人类行为是基于先天还是后天？

原则：所有的行为都受到自先天和后天的双重影响，不可能区分出哪个更重要。

在心理学中，“先天—后天之争”由来已久，其可以追溯到1874年的弗朗西斯·高尔顿（Francis Galton；Hergenhahn，2001）。这场争论涉及在控制行为方面，遗传还是环境何者更重要。这是一场具有重要政治意义的心理学辩论。不言而喻，如果智力主要是遗传的，那么群体和阶层之间的差异将是自然秩序的一部分，不会有很大的改变。另一方面，如果智力主要受环境因素影响，那么公共教育和社会干预就可以改善弱势群体的命运。为了清晰地思考先天和后天的关系，我们需要理解两个重要的观点。

第一，必须注意的是，每个人都受遗传和环境的共同影响。如果想脱离环境影响，看看行为会是怎样，这是绝对不可能的。甚至子宫里孕育胎儿的条件也是人的环境的一部分。同样，每一个生命体都有一个特定的基因结构，没有它就不可能存在。因此，这两者是无法分开的。从这个意义上，可以说行为100%取决于遗传，也100%取决于环境。如果说行为60%取决于遗传，40%取决于环境，这如同说面包的质量60%取决于原料，40%取决于加热，没有任何意义。

第二，许多人把一个错误的假设带到了先天—后天的辩论中。他们错误地认为，如果一个特质有遗传基础，它就不能被后天经历所改变。当然，就某些特质而言，这是真的。如果你有蓝眼睛的基因，那么变成棕色眼睛的唯一方法就是戴上有色的隐形眼镜。这样的特质被称为专业特质——它们的表现在广泛的环境中几乎是固定的。专业特质包括双侧对称的身体结构、每只手有五个手指，以及头发的卷曲性。它们按基

因系列发育，除非环境非常恶劣。然而，其他特质是具有适应性的。它们的表现在很大程度上取决于环境。兼性特质包括晒黑皮肤和茧质形成。重要的是要认识到，专业特质和兼性特质都有遗传基础。我们生来就有一种机制，可以感受到我们暴露在阳光下的程度，并相应地调整我们皮肤的暗度。这被称为晒黑，是在基因控制下的。尽管人们在没有阳光的情况下，皮肤颜色深浅的等位基因（基因版本）数量不同，但只要不是白化病患者，都会对阳光做出晒黑的反应。同样地，我们的皮肤对压力的反应是形成老茧。经常赤脚的人，脚底的皮肤很厚很硬。晒黑皮肤和老茧的形成都是兼性机制。但重要的是要注意，这两种机制都在基因控制之下。正是我们的遗传使皮肤有能力对阳光做出晒黑的反应，对压力做出茧化的反应。

问题不在于我们的肤色是由遗传还是由环境决定的，而在于我们的遗传如何让我们对环境做出反应。因为我住在天气多云的匹兹堡，我的皮肤比我想象中住在亚利桑那州的同卵兄弟要浅得多。但由于我的祖先生活在多云的不列颠群岛，我的皮肤也比那些祖先生活在非洲等阳光较好的地方的匹兹堡人要白。肤色取决于遗传吗？是的！它取决于环境吗？是的！

重要的是，受基因控制的机制如何对环境做出反应？我们的晒黑机制对阳光的反应是使我们的皮肤变黑，而不是使它变浅或长茧。是我们的遗传使我们有能力对环境做出反应。如果没有恰当的基因，我们只会对阳光做出反应而不会晒黑，事实上白化病患者就是这样。因此，把天性与环境对立起来是一个错误。

如果我们有兴趣对智力等特质的"先天—后天"问题进行重新表述,我们会问:智力这一特质的易变性有多大——它对环境的反应有多大?这相当于问个体之间的差异是遗传还是环境差异的结果。描述这个问题的一个技术术语是遗传力(heritability)。某一特定特质的遗传力是指该特质的总变异性中可被证明是由遗传引起的比例。遗传力系数在0.0和1.0之间变化。

问题在于对遗传力系数的解释上。我们很想说,零遗传力意味着该特质完全依赖于环境,而1.0意味着它完全依赖于遗传。但从前面的讨论中,我们可以看到这是错误的。遗传力系数为零,只是意味着在一个特定的人群中个体的差异是无法用遗传来解释的。有证据表明,在西方社会,智力具有中等程度的遗传力。

考虑到幼犬对人类的恐惧特征。不同品种的幼犬对人类的恐惧程度不同。有些品种很容易接近人类,而有些品种则很害怕。对狗进行杂交的研究表明,这种特质具有很高的遗传力(Scott & Fuller, 1974)。因此,人们可能会得出结论:幼犬的恐惧性是基于遗传—先天因素。

但是,当我们意识到所有幼犬,无论何品种,除非从出生开始就由人类照顾,否则都会变得惧怕人类时,情况就会发生根本性变化。如果有人做一个实验,研究各种类型的一出生就和人有接触或者没有接触的小狗,就会发现它们之间的差异依赖于接触(教养)。

因此,我们看到,遗传力在很大程度上取决于测量它的特定环境。

因此,遗传力系数并不是一个允许我们说行为中有多少占比是遗传,多少占比是环境的数字。

练习:

思考两个假想的国家。国家 A 是一个富裕的国家,其儿童都在良好的公立学校上学。B 国是一个贫穷的国家,其公立学校不完善,少数富有的人把他们的孩子送到好的私立学校。请说明心理学家如何发现 A 国的人们智商遗传力低,而 B 国的人们智商遗传力高。

第五编

感觉/知觉

沃尔夫冈·柯勒（Wolfgang Kohler, 1887—1967），德裔美国心理学家，格式塔心理学派创始人之一，也是认知心理学、实验心理学、灵长类行为研究的先驱。

第26章

你能证明没有超感官知觉吗?

原则：谁主张谁举证。

多年来，我一直对超感官知觉抱有怀疑的态度，该词在大学流传时，我就在大学里谈论此主题。人们经常对我说：“你能证明超感官知觉是不存在的吗？”

我总是这样回答：“不是由我来证明没有超感官知觉这种东西，而是应该由那些相信超感官知觉的人并欲说服我的人来证明其存在。”

假设我告诉你，我可以跳 9 英尺高。如果你怀疑(你应该怀疑，因为世界纪录是 8 英尺 5 英寸，而我看起来并不特别有运动天赋)，你的反应显然是：“跳给我看看。”

你不用浪费任何时间来证明我做不到，你也不需要证明世界上没有人做到过，你更不需要证明人类在物理上是不可能做到的。相反，你只是要求我证明这一点。要么证明，要么闭嘴。

假设我愚蠢地决定通过做实验来证明不存在超感官知觉这类事物。即使我做了一百万个实验都没有发现支持超感官知觉的证据，这也不能证明这种现象不存在，因为下一个实验可能会证明它存在。哲学家会说，要证明一个普遍的否定是不可能的。你无法证明没有圣诞老人，我也无法证明不存在超感官知觉，但我不需要证明。因为必须有人证明它确实存在。

大多数心理学家不会费力地去反驳超感官知觉。他们会等到有确凿证据证明它确实存在。(关于什么是“确凿证据”的讨论，见第 27 章。)

练习：

列出一些科学家不厌其烦去证伪的错误观点。

第27章

怎样才能让你相信超感官知觉存在呢？

原则：只有当一个现象可以重复出现时，科学家们才会相信它的存在。

知道我对超感官知觉持怀疑态度，人们经常对我说一些类似以下的话："如果你能做出正确的实验，也许你能证明它的存在。"事实上，100 多年来人们已经做了正确的实验——成千上万的实验——绝大多数的实验都没有提供任何证据证明它的存在。

已经有一些让人心动的结果，而且时不时有人会争论说他们即将一劳永逸地证明它。但长话短说，还没有足够的证据来说服科学家相信它的存在。

有时有人反对说："科学家的思想是封闭的，对超感官知觉有偏见。"答案其实很简单。当有足够的证据说服他们时，科学家们总是会改变他们的想法。科学家们曾经一度否认"石头从天而降"。法国政府派出的一个著名的专家小组甚至说服博物馆丢弃我们现在知道是陨石的珍贵收藏。科学家们改变看法的事情多得令人吃惊（见第 31 章关于催眠的讨论）。不，科学家们的思想并不封闭，他们只是想要证据。

就像其他科学领域一样，超感官知觉需要的证据是可重复的实验。当一个可重复验证的研究结果出现时，科学家们就会留意起来。当一个研究结果不能重复验证时，他们就会失去兴趣。那些似乎表明超感官知觉存在的结果很少出现，而且经常不能通过重复检验，所以科学家们把它们视为侥幸。最近的冷核聚变惨败就是一个很好的例子来说明这个过程是如何运作的。几年前，两位科学家声称他们已经成功地在室温下制造了原子核聚变。直到那时（事实证明甚至现在都是如此），原子核聚变都需要特殊条件。如果这是可能的，冷核聚变将使电力变得太便宜而不需计费。但是，全世界各地的研究人员试图重复验证这一结果，但都

没有成功,此后,冷核聚变成为科学史上的过眼云烟了。

即使是那些相信超感官知觉的研究人员也说,这些证据并不令人信服。关于超感官知觉的文章在其导言部分中再三作如下说明:

> 我们的目标是揭开……的因果关系模式……以我们在科学研究中所熟悉的形式。这里介绍的结果是向某个(为了未来研究)数据库这个目标迈出的第一步。(Puthoff & Targ, 1974, p. 602)

字里行间可以看出,作者写这篇文章时,不可能有令人信服的超感官知觉证据,否则他们就不会试图建立"迈向数据库的第一步"。他们应该是在研究这种现象是如何运作的。

著名的学术杂志《心理学公报》(*Psychological Bulletin*)中的一篇文章(Ben & Honorton, 1994)综述——通过某种技术收集的超感官知觉的证据,其中指出:

> 我们相信,现在的复制率和效应大小已经足以保证这些数据资料能引起心理学界的广泛注意了。(p. 5)

请注意,他们并没有声称已经证明了超感官知觉的存在——只是说他们认为这些证据值得心理学家们关注。还请注意,他们把复制率作为他们相信数据价值的一个重要因素(到目前为止心理学界普遍对此没多少印象)。最近在同一杂志上的一篇文章对这类研究进行了类似的分析

(Milton & Wiseman, 1999),而先前的研究结果没有得到证实。

这些引文只是许多例子中的两个。之所以选择它们,是因为它们代表了 20 世纪最后 25 年中权威期刊所刊载的关于超感官知觉的最高水平。

顺带一提,上述所引用的第一篇文章最终被撤稿了。至于第二篇,时间会告诉我们结果。

练习:

看看课本中关于记忆移植的讨论,记忆移植是通过把受过训练的老鼠的 DNA 注入到未受训练的老鼠体内而实现的。这是 1960 年的一个热门话题,但这个实验没有被成功复制。这个话题是否出现在引文中?如果你的图书馆里有一本 1960 年代的教科书,请将它与你正在学习的那本教科书进行比较,看看这一主题的异同。

想象一下，如果超感官知觉是真的，可能会发生什么？

原则：评估某个观点的方法之一是尝试思考如果它是真的会发生什么，以探索某一理论的含义。

好吧，让我们假设超感官知觉确实存在，我们的世界会有什么不同？人们将能够读懂对方的思想；将能够预知未来；可以找到丢失的钻石戒指；可以不通过药物或手术治愈病人。

如果超感官知觉真实存在，我们的世界将与现在大不相同。仅仅想象一下这些可能性就应该让我们对它的存在持怀疑态度。让我们举一个例子。如今许多州都有彩票，每天有数百万人玩彩票，每个人都想赢得大奖。有些人想退休后去佛罗里达州养老；有些人想还清债务；有些人想买豪华汽车，等等。有这么多人希望中奖，难道你不认为这将是一个测试超感官知觉存在的完美场所吗？

事实是，彩票以随机排列的规律出现，日复一日，年复一年。当然，如果超感官知觉存在的话，肯定会有一些明显偏离随机水平的现象。最简单的预测是有太多的人会中奖，但是他们并没有中。（并不是说每个人都有超感官知觉，就对赔率不起作用——即使只有一些人有超感官知觉，彩票也会显示扭曲的结果。）

例如，戴尔·克里斯托弗和我分析了1977年3月1日（彩票有史以来的第一天）和1994年6月2日（截止分析时的最后一天）之间发表在匹兹堡邮报上宾夕法尼亚州每一次彩票的三个数字。长话短说，在10个数(0~9)中，与偶然预期的频率偏差最大的一位仅有5%。用标准的统计方法对所有数字进行分析，结果显示，彩票号码在偶然性预测的范围内出现，与统计学家所认为的重大偏差相差甚远。对这些数字还可以进行许多其他的随机性测试，但它们都会显示类似的结果。[实际上，这个讨论假设人们可以影响彩票的结果，这在技术上被称为意念力

(psychokinesis,PK)。但我用超感官知觉这个词作为一些所谓超自然现象的简称。]

你可能会反对说,你不能因个人利益使用超感官知觉。我见过这种说法,但没有任何明显的理由来支持它。另一方面,我知道至少有一个案例,一群相信超感官知觉的人成立了一家公司,为人们的投资提供超自然建议。在短暂的明显成功之后,他们的运气用完了,运气总是这样的。

人们可能会提出一些特殊的理由来说明为什么在彩票中得不到超感官知觉的证据:例如,有人声称,超感官知觉太过不可控,无法用于这种目的。你可能会说,不同的人将会选择不同的号码。(事实上,人们倾向于选择某些数字,如选出生日期比其他数字更多。)但事实是,如果有任何这样的东西作为超感官知觉,它必须表现为偏离随机定律的现象——比如说,如果你不能利用它来达到自己的目的,那么赢的人就太少。但是,由于超感官知觉被定义为对随机的偏离,如果中彩票的结果没有偏离随机水平,那么这种现象的存在是非常不可能的。

我们可以想出许多其他情况,如果有超感官知觉这种东西,以下表现也会不同。股票市场会怎么样?军事训练呢?选择题考试呢?这样的例子不胜枚举。

我们在这一节所做的是探索某个观点可能的影响,在这里是指超感官知觉的存在。科学家们一直在这样做。如果挫折感会导致攻击性,那么那些被引导到期望考试成绩得到"A"的学生会在得到"B"时感到愤怒,而如果他们一直期望得到"B"级,他们就不会发怒。探讨超感官知觉和相关现象存在的意义，会让人觉得它们确实存在是非常不可能的。我们的世界上有太多普通事物可以反驳他们的存在了。

练习：

试着想一想，如果有超感官知觉、意念力或预知能力这样的东西，对军事会造成怎样的影响？

为什么心理学家如此多疑?

原则：怀疑主义并不是贬义词，这是一种在科学和日常生活中都需要的态度。

经常发生这样的情况，当我在讨论一些有争议的话题时，比如超感官知觉，我的听众会问："你为什么这么多疑？"这个问题之后可能会说："但我是被这样教的……"

对许多人来说，怀疑主义者是指不相信任何事情的人，特别是在涉及宗教时。当然，这也是某些怀疑论者甚至是一些心理学家的写照。

但这并不是我们在这里讨论的问题。我们关注的是科学中怀疑主义的作用。了解"怀疑论者"这个词的起源是很有帮助的，它来自希腊语"skeptikos"，意思是"深思熟虑"。怀疑论者是愿意深思熟虑地考虑对真理的主张；要求讨论中的术语被清晰界定；寻找命题中的逻辑一致性；在相信某些事物之前需要证据。

假设你走在城市的大街上，一个陌生人走到你面前，拿出一个装有手表的小盒子。如果他告诉你这是一块真正的劳力士手表，但他将以 25 美元的价格卖给你，你可能会有点怀疑。你可能会怀疑这是个廉价的仿制品，或者是偷来的。无论哪种情况，你都会记得祖母的忠告："如果它看上去太完美而不真实，或许就不是真的。"

你可能会反对，这不是怀疑主义，这只是普通的常识。我们正在谈论的这种怀疑主义非常像常识。当我们在考虑经销商的一辆二手车时，销售人员说它易上手，我们会问他易上手是什么意思（我们要求他界定术语）；如果他说该车有定期保养，我们会要求查看服务记录（我们寻找那些对索赔有影响的证据）；如果他说它从未发生过事故，我们要检查它是否被重新喷过漆（我们要寻找逻辑上的一致性）。

在购买二手车时做这些事情的人被认为是聪明的。当我们的老师

讲到心理学或者其他科目时,我们也应该保持同样聪明。诚然,我们的老师通常比刻板的二手车销售人员更可靠。但是,优秀的学生都会应用同样怀疑主义的技能,去质疑在校园所接受的思想观念,就像怀疑二手车推销员的话一样。

练习:

讨论一下,在日常的生活环境中,太少或太多怀疑主义都是不可取的。将不同程度的怀疑主义的影响与爱、慷慨和其他情感的影响进行比较。

第六编

意　识

卡尔·古斯塔夫·荣格（Carl Gustav Jung，1875—1961），瑞士心理学家、精神分析学家，现代心理学的奠基人之一，主张把人格分为意识、个人无意识和集体无意识三层。

你如何解释“似曾相识”？

原则：当某件事看起来很神秘时，试着用已经知道的科学原理来解释它。

似曾相识是一种奇怪的感觉，我们都会不时地感觉到我们现在正在经历的事情曾经发生在我们身上，同时也意识到这种感觉不可能是真的。它可能发生在我们参加考试、与相亲对象见面或进行工作面试的时候，这些情况对我们有相当大的意义。似曾相识的体验往往有强烈的情感色彩，使它在我们的脑海中凸显，诱使我们做出超自然的解释。

许多作家都注意到似曾相识的体验，从圣奥古斯丁到查尔斯·狄更斯和马塞尔·普鲁斯特，直到今天。对于这种奇怪的现象，人们提出了许多解释(Sno & Linszen, 1990)。有些人认为这是大脑两个半球活动的轻微不同步造成的；弗洛伊德认为这是一种防御机制；甚至还有人用全息成像原理来解释。但也有许多人回到了超自然的解释，如轮回再生、灵魂旅行，等等。我只想说，很少有证据能支持这些观点。

但是，让我们退一步，做一些科学家认为是研究新问题的基础工作：让我们问一问这种体验是否可以用我们已经知道的事物来解释。

稍微思考一下就会发现，无论似曾相识的是什么，它都是记忆的错误。关于记忆，我们知道的一件事是，它并不完美。当我们参加考试或试图记住某人的名字时，我们都曾希望我们的记忆是完美的。

首先，我们应该注意到，我们在一生中拥有如此多的体验，很少看到对我们来说是完全陌生的东西。大多数房间都有四面墙、一层地板和一层天花板。即使是人际交往也往往是有刻板印象的。假设我们正处于与人争吵的过程中，在此刻的情绪压力下，我们倾向于用“你们老男人就是这样”来回答对方“你也是这样！”的口头谴责。这是固定反应，没有任

何创造性。这些都是我们倾向于有强烈感觉的情况,即我们以前曾经历过这些情况——我们真的有过。

即使我们没有直接经历过某种情况,可试想一下我们从书刊、电视等媒介获得的大量间接体验。你可能有过这样的经历:看了几分钟某个电视节目,然后意识到你在很多年前就看过。考虑到我们的阅读量和观看电视的数量,很难想象我们还会有什么全新的体验。因此,许多情况可能同时看起来是既熟悉又陌生,因为它们与我们已有的体验非常相似。

因此,意识到新情况可能与旧情况相似,让我们再思考一下我们每天面临的一些尴尬情况。假设你在一个聚会上,一个有吸引力的人走过来说:"嗨,还记得我吗?我们去年在克雷格的聚会上见过!"你挠挠头,试图想出你是否真的见过她,也许这只是客套的搭讪词。让我们来分析一下各种可能性。

现在,要么你以前确实见过她,要么你没有。而你要么记得她,要么不记得。这就为我们提供了一个两两组合的可能性矩阵,正如我们在下面的表格中看到的。

我们以前见过吗?

你是否记得	是	否
是	你记得她(原始记忆)	你认为你记得她(似曾相识)
否	你不记得她(原始遗忘)	你不记得她(原始记忆)

当你想起你以前见过的人时,你并不感到惊讶(矩阵的左上单元格)。当你意识到你以前没有见过某人时,你也不会感到惊讶(右下单元格)。唉,你太熟悉这种情况了,你不记得去年在派对上见过的人。你把它归结为遗忘,并意识到这是一种记忆故障。

那么,当我们看到一张新面孔而认为它是一张老面孔时,为什么我们应该感到惊讶?如果我们意识到,我们的记忆可以由于认不出实际上是旧的内容而失效,为什么我们的记忆不能以相反的方式失效?换句话说,如果我们接受假阴性(忘记老面孔),为什么我们不能接受假阳性(认为我们记得一张新面孔)?

但“似曾相识”之所以困扰着我们,是因为在知道我们不可能经历过这种情况的同时,我们还强烈感觉到我们经历过。在这里,我们必须介绍另一个观点:我们对某一记忆的确定程度并不是衡量其真实性的完美标准。通常情况下,我们会合理地确定我们知道或不知道什么。但有些时候,我们肯定自己了解某物,而事实上并不了解。可以举出许多事实来证明这一点。

一个被称为“信号检测理论”表明,尽管我们对某事的确定性与我们记得(或不记得)某件事情的真实性之间存在着关联,但远没有达到完全相关。有时,当我们肯定地认为我们记得某件事情时,事实却未必如此,反之亦然。

让我们举一个日常的例子。假设你的钥匙丢了,你问你的室友是否看到了钥匙。你可能会说自己肯定是把它放在了钱包里。室友也可能同样肯定地说,看到你把钥匙放在桌子上。你们可能各自怀疑对方。

(可悲的是,这是疗养院里很常见的场景。)最终,经过一番寻找,也许还有一些不愉快,你在牛仔裤的口袋里找到了钥匙,毫无疑问,是你自己把它放在口袋里的。

重申一下,我们对一些记忆(还有很多其他事情)真实性的肯定,并不是其真实发生过的可靠证据。

似曾相识是一种记忆的错误,以及我们对我们所相信的事情可能也是错误的,这两者使似曾相识的神秘感消失。我们会碰到一些不能理解的事物,但通过借助于已知事物就能找到理解它的方法。这是科学家工作方式的一个基本特征。(但当它发生时,仍然显得很诡异——尽管我们希望没有以前那么诡异。)

练习:

有关飞碟的报告把飞碟解释为与普通视觉相关的各种现象。飞碟的特征之一是它们能够瞬间到达顶点并启动,而不像飞机那样需要耗费时间来加速。在一本关于知觉的书中查找 saccadic(眼球扫视运动,在字典中的“saccade”词条下),并说明它们如何解释这种现象。

催眠术不是曾经被认为是一种伪科学吗？

原则：科学的主要特征之一是不断进步。但不能仅因为催眠术最终发展成为一门科学，就认为现在被认为是伪科学的所有领域都会成为科学。

听我说过超感官知觉是一门伪科学的学生有时会问:“催眠术不是曾经被视为一门伪科学吗?”他的意思是,我应该认真对待超感官知觉,因为它有一天也可能成为一门科学。

我们应该认真对待伪科学,因为它们可能有一定的合理性,这种想法被称为富尔顿无前提推论(Fulton non-sequitur)。当富尔顿把蒸汽机安装在船上时,人们嘲笑他,看看最后发生了什么。

科学家们嘲笑过的事物相当多,这为那些想指出人类认识的不确定性,特别是科学易错性的人提供了素材。你可能听说过这样的“事实”:科学家曾经证明大黄蜂不会飞。这个故事有一定的依据。一位科学家曾经认为他已经从数学上证明了蜂类不可能会飞,但那只是一位科学家的观点,而且他显然是错的。尽管如此,这个故事却历久不衰,因为它毕竟是一个好故事。

更重要的是科学家们对重要事物的认识会不断改变。科学家曾经认为“石头不会从天上掉下来”(见第27章)。但现在我们对陨石有了相当多的了解。科学家们曾经相信的更搞笑的观念包括“鹅在水中冬眠”。

催眠术(hypnosis)是心理学中一个很好的例子,说明了科学家改变观念的方式。弗朗茨·安东·梅斯梅尔(Franz Anton Mesmer)是18世纪的一位维也纳医师,他认为天体通过磁力影响了人类的生命,并表示这才刚刚被发觉。他举行了类似于“降神会”的会议,他穿着巫师的袍子,把磁铁放在人们的身体上,同时暗示他们会得到治疗。人们陷入恍惚之中,并且许多人的疾病得到了治愈。

毫无疑问,这引起了当局的注意,并且梅斯梅尔认为离开维也纳去

巴黎是明智的。在那里,他同样引起了很大的争议,最终由美国驻法国大使本杰明·富兰克林(Benjamin Franklin)领导的法国政府委员会得出结论说,疾病的治愈与磁力没有任何关系。梅斯梅尔名誉扫地,黯然退隐奥地利。

然而,许多科学家仍然对这种现象感兴趣,由于它的一些典型效应与睡眠相似,所以最终被命名为"催眠术"。多年来,科学家们逐渐认识到,催眠是一种夸张的暗示形式,所有的人都会表现出这种暗示性。因此,尽管观察一个人在催眠暗示下的表现仍然很奇怪,但科学家们对这种现象的工作原理已经有了相当好的理解。(可以肯定的是,仍然有相当多的没有受过科学训练的人对催眠提出一些不科学的主张。)

科学家经常改变观念,这实际上是科学最强大的力量之一,而不是科学的弱点。观念改变的结果就是科学在不断进步。如果你看到某一研究领域很多年都没有变化,那么你看到的东西就不是科学。回顾一下,梅斯梅尔相信天体会影响人们的生活。换句话说,他相信占星术。占星术的一个特点是它的星图和预测几千年来都没有改变——尽管我们对天体的认识有了巨大的进步。没有任何一门真正的科学能在这么长的时间内保持不变,甚至在更短的时间内也是如此。

因此,下次有人对你说"科学家知道什么?他们总是在改变他们的观念!"时,你只需简单地回答他:"你希望他们从来没有获悉任何新东西吗?"

练习:

想一想你最近读到的或在新闻中听到的让科学家改变观念的事情。

第七编

学习和记忆

爱德华·李·桑代克（Edward L. Thorndike，1874—1949），美国心理学家，动物心理学的开创者，心理学联结主义的建立者和教育心理学体系的创始人，被誉为现代教育心理学之父。

第32章

为什么心理学家要研究这些人为情境?

原则:人为情境能让心理学家以最纯粹的方式观察心理现象。

我清楚地记得自己作为一名研究生新生第一次参加系里聚会的情况，当时我刚刚开始学习一位心理学家应该如何行事。讨论转向了斯金纳(B. F. Skinner)的研究内容，当时他正处于职业生涯的巅峰。其中一位教员喝了几杯马提尼后，摇摇晃晃地爬上了椅子。他一手端着酒杯，一手打着手势，勉强保持着身体的平衡，对他认为的斯金纳工作的琐碎性进行宣讲。“当你把一只老鼠放在一个小盒子里，里面除了一个杠杆之外什么都没有，它到底怎么能做任何有丝毫心理学意义的事情？我们需要更多的自然的研究设定！”如果我告诉你这位教授的名字，你肯定认不出来。而同时，斯金纳被普遍认为是心理学历史的巨匠之一。

实验情境往往是人为的，目的正是发现尽可能纯粹的行为原则，不受现实世界的干扰。一旦理解了这些原则，它们就可以应用于许多不同的情境。斯金纳和其他人利用斯金纳箱中的老鼠发现的原理对心理学和日常生活产生了巨大的影响，从儿童教育中的暂时隔离法到计算机辅助教学。

我还可以举很多其他的例子。记得自己还是一名研究生时，我认为当时所做的关于人类学习的许多研究工作都是无聊至极的。在那些日子里，许多心理学家研究人们如何学习无意义的音节，如“BAZ”和“ZIK”，这些音节在被称为“记忆鼓”(memory drums)的小机器上一次次呈现。记忆鼓的研究就像呼啦圈，但从中学到的原理有助于我们理解为什么我们会更易记住讲座、诗歌、音乐和人名列表中开头和结尾的材料，而中间的内容则记得不那么清楚。这种序列位置效应是心理学中最有

影响力的发现之一,它是在最人为的环境中来研究的。

道格拉斯·穆克(Douglas Mook,1983)认为,研究情境的人为性使我们能够以最纯粹的形式理解心理现象,并为我们将学到的原理应用于现实世界提供基础。

练习:

想一想生物学、化学或物理学中的标准实验情境,它与现实生活的相似程度如何?

老鼠是如何领会按压横杆可以获得食物的呢？

原则：奥卡姆剃刀定律(Occam's Razor)告诉我们，重要的是不要认为学习会涉及意识。

许多人认为,当动物或人学习某件事物时,学习者知道所学内容,这是非常明显的。他们认为,当人们理解了某件事时,就明白自己掌握了它,就能用语言解释它。我们很快就会看到,情况并不像这样简单。但首先,我们必须讨论一下为什么科学家似乎对显而易见的事情提出疑问。

早在 14 世纪,一位名叫威廉-奥卡姆(William of Occam)的修道士就提出,解释应该尽可能地简单,不应该假设任何超过必要范围的内容。这一原则被称为"奥卡姆剃刀定律",并已经成为科学的一个主要原则。就学习而言,奥卡姆剃刀定律建议,我们不应急于假设学习中涉及科学意识。①

老鼠的意识是什么?接下来我们将讨论一个实验,在这个实验中,人类接受操作性条件反射的方式与用于老鼠的方式基本相同。许多年前,拉尔夫·赫弗林(Ralph Hefferline)等人将电极连接到人类被试身体的各个部位(Hefferline, Keenan, & Harford, 1959)。他们告诉被试,他们要关掉刺激性的噪声,但没有告诉他们应该如何去做。在实验结束时,被试已经学会了关闭噪声,但他们并没有意识到他们到底是如何做到的。

他们中的一些人认为自己已经通过身体的各种奇怪的动作做到了这一点;但他们都没有想明白,尽管他们已经成功地做到了这一点。事

---

①译者注:我把这个原则描述为奥卡姆剃刀定律,因为这是科学中最普遍的规则。对心理学来说,一个更具体的说法被称为劳埃德-莫尔根法则(规则):"在任何情况下,如果可以用较低的心理机制来解释某种行为,那么我们说什么也不能将其归因于高级的心理过程。"(引自 Hergenhahn, 2001, p.326)

实上,他们的反应是拇指的颤动,颤动的幅度很小,他们甚至不可能感觉到。这个实验有力地说明,意识对于学习的发生是没有必要的。

回到动物身上,训练老鼠按压杠杆或鸽子啄起钥匙的通常程序是奖励它们尽可能地模仿所需的反应。这就是所谓的行为塑造。由于行为塑造需要花费实验者大量的时间,因此通常采用自我塑造的方式。自我塑造需要把动物放在斯金纳箱中,让它待在那里,直到它自己学会正确的反应,而不需要实验者的任何干预。这比通常的行为塑造过程要慢,但它节省了实验者的时间。我认识的一个实验者通过自动塑造训练了他的老鼠,并在一些实验中使用它们。他的习惯是把老鼠放在斯金纳箱里,然后离开,当实验结束后再回来,而不是留在周围观察老鼠,因为这个过程可能是相当无聊的。

一段时间的训练后,他注意到一只老鼠的头上有一个疮,于是他在上面涂了一些药膏,然后把它放回笼子里。第二天,当他把这只老鼠放进斯金纳箱时,他看到这个疮已经开始愈合了,但训练结束后,他发现这个疮又变严重了。他很好奇是什么原因导致了这个疮。下次他把老鼠放进斯金纳箱的时候,他观察了这只老鼠的行为。与其他所有的老鼠不同,这只老鼠没有学会用它的爪子按压杠杆,而是把自己倒挂在箱子的墙上,尾巴悬在空中,用它的头来按压杠杆。

另一个小插曲与鸽子有关。在类似的设置中,鸽子本应学会用嘴啄钥匙来获取食物。鸽子通常以相当快的速度啄食,但有一只鸽子每隔几秒钟才啄一次。当实验者观察时,他发现这只鸽子正退到笼子的末端,奔跑着扑向钥匙,用身体推动它。

我认为，这些实验说明了为什么我们不应该假定那些动物特别清楚是什么导致了食物的出现。

回到人类领域，有相当多的证据表明人们在不知不觉中学会了许多事情（Seger, 1994）。与赫弗林（Hefferline）等人的研究相比，最近的工作倾向于复杂信息的学习，如拼图和运动任务。这一领域的研究已被称为内隐学习（implicit learning）。

在这一点上，我们需要明确的是，我并不是说学习是某种机械的刺激—反应关联的印记过程。现代的学习和条件反射理论使用了诸如期望、认知地图等概念。我所争论的是，我们不应该立即假定这些术语意味着当某件事情被学习时，学习者会意识到已经学到了什么。奥卡姆剃刀定律告诉我们，我们应该在需要的时候才使用期望值这样的概念，而且我们不应该假设老鼠的期望值和人类在日常生活中的期望值是一样的。

练习：

母猫在分娩后会立即将小猫舔干并吃掉胎盘。有些人可能认为，母猫知道小猫需要取暖，而且如果不把胎盘处理掉，就会成为污染源。通过运用奥卡姆剃刀定律，你能对母猫的行为提出其他可能的解释吗？

第34章

这怎么可能是一个巧合呢？
（第一部分）

原则：要使两个事件被认为是一个巧合，我们必须先注意到它们之间的一些关联。

我们经常会被一些看起来不太可能发生的事件所震撼。我们可能会在某人去世的当晚梦到她。我们可能会发现，一对出生时就分离的同卵双胞胎男子都娶了叫珍妮弗的女人，都开雪佛兰，而且都不喜欢芥末。诸如此类的事件导致许多人相信超自然现象的存在。有很多人在听完这样的故事后说："这怎么可能是巧合？这实在是太不可能了！"

首先，我们需要澄清我们所说的巧合是什么意思。两位统计学家佩尔西·迪康尼斯与弗雷德·莫斯特勒（Perci Diaconis & Fred Mosteller, 1989）将"巧合"定义为"一个令人惊讶的、被认为有意义的、没有明显的因果关系的事件同时发生"（p. 853）。请注意这些词，"令人惊讶的""被认为""有意义的"和"明显的"。这些都是心理学术语，表明理解巧合涉及心理学和统计学。每天都有数不清的不可能的事件发生，这些事件不会让我们感到惊讶，所以不被认为是巧合。

我亲历过一个巧合，当时我坐在父亲的车后座上，他在前座的朋友正试图想出多年前认识的一个人的名字。就在这时，我父亲在镇上的一个红绿灯前停了下来，旁边是一家银行，门口有一个大钟。"就是它！"那人惊呼，"哈格曼！它就写在时钟上！"

现在来说，"哈格曼"并不是一个寻常的名字。在匹兹堡电话簿中没有"哈格曼"，在三分之二的户籍名册中，只有两三个"哈格曼"。而且我以前和以后都没有见过名为"哈格曼"的钟。这个故事说明了迪康尼斯和莫斯特勒关于巧合的所有标准。我们都很惊讶（惊奇，行为上）；我们认为这个事件是有意义的，因为这个人在努力想这个名字；而且我们想

不出“看到这个名字”和“努力想这个名字”之间有什么可能的因果关系。

但每天都有数不清的不可能的事件一起发生，而我们却忽略了。宾夕法尼亚州昨天的彩票数字是“217”，俄亥俄州的数字是“780”。每个数字都有千分之一的概率出现，而这两个数字正好出现在一起的概率是一百万分之一。但它们之间没有明显的联系。此外，100%确定必须出现两个三位数的数字，所以不存在显而易见的巧合。

练习：

请某人回忆一下他或她亲身经历的一个惊人的巧合。你能找到使得此事有意义的影响因素吗？

第35章

这怎么可能是一个巧合呢？（第二部分）

原则：如果你先射箭，后画靶心，就更容易找到巧合。

如果你仔细观察,你会看到到处都有巧合。这就是数字命理学实践背后的原则,即试图在数字中寻找意义。我最喜欢的一个数字命理学例子:威廉·莎士比亚是《钦定版圣经》的翻译者的说法。其"证据"是,在《钦定版圣经》中,诗篇46篇的第46个单词是"莎士(shake)",从结尾开始的第46个单词是"比亚(spear)"。为什么是46?解释是,当《钦定版圣经》出版的时候,莎士比亚46岁了。

数字学需要一定的聪明才智,并且愿意花几个小时去查阅数据直到找到相关联的意义。我很佩服那些有耐心做这件事的人。马丁·加德纳(Martin Gardner)给出了一些最好的例子,他负责有关莎士比亚巧合的关联数字。但是,数字命理学家从来没有事先明确说明他们将在哪里找到一个有意义的巧合。一个有趣的例子是有时流行的"证明"某个人是《启示录》中的"神兽"(Beast)的活动,其数字是666。例如,人们注意到罗纳德·威尔逊·里根(Ronald Wilson Reagon)有三个名字,每个都有六个字母。因此,罗纳德·里根就是《启示录》中的"神兽"。但是已经"证明"许多人是"神兽",使用各种其他方法,例如给名字中的字母取值(A=1,B=2,等等),发现它们加起来是666,等等。因为各种可能性无穷无尽,所以几乎所有人都可以被"证明"是神兽。

当应用于心理学数据时,数字命理学中使用的相同方法被称为"数据挖掘"或"数据窥探"。如果你以足够多的不同方式观察一组数据,你最终会发现一些看起来很有趣的事物。更具体地说,如果你对任何大型的完全随机的数据集进行统计检验,你会在5%的情况下得到一个明显的重要结果,即典型标准。而如果你在相同的数据上做另一个独立的测

试,你也有同样的5%的机会发现显著性。因此,如果你在相同的数据上做了足够多的测试,而且都是不同的,你一定会发现一些重要的东西,即使所有的数据都是完全随机的。

如果你对一组随机数据进行14次独立的测试,你有超过一半的机会发现一些重要的结果。如果你做20次测试,你的机会几乎是三分之二。

多数心理学家和数字命理学家现在都犯了挖掘数据的毛病,这相当于先射箭,后画靶心。这就是通常要区分探索性数据分析和确认性数据分析的原因。探索性数据分析是指研究人员在一组数据中寻找一个有趣的模式,而这个模式似乎不是偶然的结果。探索性分析是在没有事先预测到底要找什么的情况下进行的。然而,由于数据挖掘的危险性及其对统计学意义的影响,心理学家们知道,只要他们碰巧在一组数据中不经意地发现了一个重要的发现,就应该重复任何测试。他们应该做另一个实验,或另一个他们事先指定的从属分析,以确认他们通过探索性分析发现的结果。

当我的妻子还是个小女孩的时候,她认为如果有一个她随手一扔就能找到宝物的魔法石就好了。她捡起一个有可能是这个魔法石的石头,并把它狠狠地抛了出去。她跑过去一看,惊奇地发现它落在了一枚25美分的硬币上,在那个年代,这足以买一张电影院的双场票,还能剩下5美分买"好又多"(Good'n Plenties)。你可以想象,她一次又一次地尝试用那块石头寻宝。你也可以想象,它再也没有落到比泥土和青草更有价值的东西上。但她的方法是科学的。她首先通过探索性数据分析来检验她的假设。“也许如果我抛出这块石头，它就会找到宝藏。”但随后她又进行了确认性数据分析，“它还会这样吗？”

数字命理学家可以在探索性数据分析中停下来，但心理学家需要用确认性数据分析来跟进。

练习：

选取你最近一次彩票的中奖号码。在这个数字和你生活中的一些其他数字之间找到联系，比如你的出生日期、电话号码等。这样做和预测明天的中奖号码有什么本质区别？

这怎么可能是一个巧合呢?
(第三部分)

原则：对概率的评估是一个技术问题，不研究是不行的。

假设你和一个朋友准备乘飞机旅行。当你在登机口等待登机的时候，你的朋友从窗户里望着飞机说："嘿！那东西不可能飞起来。机翼太小了，而且没有足够强的发动机。"你可能会笑着指出，这架飞机显然是飞到了机场，除非它是在现场建造的。但你可能也会注意到，除非一个人是工程师，并且做了必要的计算，否则他或她无权对飞机起飞发表意见。

这看起来应该很明显。但是人们经常对我说类似以下的话。"我在莉莉安姨妈去世的前一天晚上梦见她，这不可能是偶然的。"但概率是一个技术问题，在确定各种事件的概率之前，需要大量的训练和工作。为什么我们认为自己可以凭直觉做到这一点？有些事件的可能性比它们看起来要大得多。

典型的例子是生日问题：在一个房间里要有多少人时，才会使两个人在同月的同一天出生（例如 11 月 11 日）变成一个公平的赌注？我曾问过许多班级这个问题，通常的猜测是 100 人左右。事实是，这只需要 23 个人。当你有 50 个人在一个房间里时，几乎可以肯定有两个人的生日是一样的。

并非所有事情都比直觉看起来更有可能。假设有一家医院，每周正好有 7 个新生儿，而且是随机间隔几天出生的。要经过多少个星期，才有可能在一周 7 天中的每一天都正好有一个孩子出生？答案是 3 年以上。

因此，由于我们无法确定概率，我做了一些简单的计算，估计在莉莉安姨妈死前的晚上想到她的概率是多少。不谈细节，事实证明，在匹兹

堡市地区(约 250 万人),每天至少有 6 个人发生这种事件。难怪奇怪的事情似乎发生在我们身上。而当它们发生时,确实显得很奇怪。但是,如果不进行计算,我们就没有权力说这不可能是偶然。

最后,即使某些事件的概率极低,它仍然可能发生。任何六位数的数字被随机抽中的概率是十亿分之一。但是如果你抽到一个六位数的号码,这些十亿分之一的号码中一定会出现一个。所以即使是罕见的事件也会发生,并且一定是这样。

练习:

因为本节的重点是“概率是技术性的”,所以任何练习必须是非常基本的。例如,投掷硬币,连续出现三个头像面的概率是多少?考虑到每次抛出的硬币都是独立的。得到答案的最简单方法是列出抛掷三次硬币的所有可能结果。正正正,正正反,以此类推。因为每种结果的可能性都是一样的,概率的计算方法是将符合成功标准的结果数量(这里只有一个:正正正)除以所有可能的结果。所以关键是要列出所有的可能性。平均值为 1 除以总的可能性。那么产生至少两个正的概率是多少?

(答案:1/8,1/2)

第八编

思维和语言

阿夫拉姆·诺姆·乔姆斯基（Avram Noam Chomsky, 1928—），美国语言学家，被誉为“现代语言学之父”，也是分析哲学的重要人物和认知科学领域的创始人之一。他的《生成语法》被认为是20世纪理论语言学研究上最伟大的贡献之一。

我们能从倒放的音乐中听到撒旦的信息吗？

原则：我们检验假说的方式不是试图确认它们，而是将它们与相对应的其他理论解释进行比较。

1990年,英国重金属乐队“犹太教士”(Judas Priest)被起诉,因为两名青少年在听该乐队的音乐专辑 *Stained Class* 时服用毒品和酒精后自杀。这也许是公众普遍认为唱片公司把撒旦的信息放在音乐中,倒着放就能听到的最著名的案例。

碰巧的是,人们会在倒着播放的音乐和非音乐语言中听到信息。当约翰·沃基和唐·里德(John Vokey & Don Read,1985)将流行的音乐节目向后播放时,他们发现人们确实听到了有意义的词语。例如,当皇后乐队的歌曲“又干掉一个”(Another One Bites the Dust)被倒着播放时,许多人听到了“抽大麻很有趣”这句话。我曾多次向我的学生播放这首歌曲,所有人都听到了这个“信息”,特别是当我提示他们应该听什么的时候。

这能证明这一说法吗?并非如此。当沃基和里德将《诗篇》第23篇和刘易斯·卡罗尔的诗歌“Jabberwocky”逆向播放时,人们也听到了可理解的信息。大多数人会认为《圣经》隐藏撒旦信息的可能性非常小。而“Jabberwocky”是一个有趣的例子,因为当正向播放时它是由无意义的词组成的。想象一下刘易斯·卡罗尔对自己说:“我想我会写一首诗,正常听的时候是无稽之谈,但倒着放的时候会说‘看到一个女孩嘴里叼着黄鼠狼’。”

事实是,我们在几乎所有逆向播放的词语中都能听到有意义的话语。这是我们从无意义的输入中获得意义的倾向的一种表现。还记得你小时候看到云中的动物吗?倒听是听觉上的等同物。当我们听逆向播放的文字时,它们变得毫无意义。实际的文字不能被理解,但我们的

耳朵还是从无意义的声音中找到了意义,尽管它们与原始(正向)信息无关。

这个例子说明了一些原则。在第35章,我们讨论了数据挖掘的危险性。逆听唱片是数据挖掘的一个例子,因为事先没有预测具体的信息,听众只是试图找到一些东西。倒听所说明的第二个原则是,正如我们在第30章中所讨论的那样,人们应该首先尝试在已知的基础上解释未知的东西。

但这里的一个新原则是,我们通过与对应的其他理论的假设进行比较来检验假设,而不是试图证明它们的正确性:在记录技术出现之前,将撒旦的信息放在宗教文本的段落中,还是众所周知的从随机刺激中构建意义的倾向,哪个更可信?

练习:

假设你发现一些录音室确实在他们的音乐中加入了倒放信息。你会如何回答那些说"如果没有效果,他们就不会这么做,不是吗?"的人。

提示:想一想他们为什么会这样做的另一个原因。

第九编

动机和情感

西格蒙德·弗洛伊德（Sigmund Freud, 1856—1939），奥地利精神病医师、心理学家、精神分析学派创始人。他开创了潜意识研究的新领域，促进了动力心理学、人格心理学和变态心理学的发展，奠定了现代医学模式的新基础。

我发现这是一本很好的自助书!

原则：自然界通常比任何一种理论都要复杂。

“教授，你的讲座太复杂了，我决定去书店看看，我发现了这本可以解释一切的好书！”通常，对我说这句话的人是热心的学生，他正在努力学习课程中的材料，但发现课本和讲座令人沮丧。

自助书籍在大多数书店的心理学区占了惊人的比例，而且种类繁多。有些书主要包含基于占星术、巫术、魔法等的不科学或反科学的观点。我在这里并不特别关注这些，尽管其他许多人把科学和不科学的想法混在一起，而且有些人还冠以心理学之名，因为这似乎为他们的观点增加了某种程度的可信度。

但自助书籍往往有一个共同的特点，这也是我们所感兴趣的。有一个基本理念支撑着这本书，而且通常从书名中就可以看出。托马斯·哈里斯(Thomas Harris)的《我很好，你很好》(*I'm OK, You're OK*)是一本经典之作，而约翰·格雷(John Gray)的《男人来自火星，女人来自金星》(*Men Are from Mars, Women Are from Venus*)则是近期的一个例子。此外，它们倾向于为问题提供一个简单的解决方案：乔伊斯·维德拉尔(Joyce Vedral)的《摆脱他》(*Get Rid of Him*)，或者它们承诺一个伟大的事业，如韦恩·戴尔(Wayne Dyer)写的《天空的极限》(*The Sky's the Limit*)。

有些人通过提供一个有编号的建议清单，显得更加成熟。劳拉·施莱辛格(Laura Schlessinger)的《女人做的十件蠢事》(*Ten Stupid Things Women Do to Mess Up Their Lives*)；或斯蒂芬·柯维(Stephen Covey)的《高效能人士的七个习惯》(*Seven Habits of Highly Effective People*)。

所有的自助书籍都有另一个共同点：它们过度简单化。他们采用一个或几个理论，并将其包装成普通人能够理解并愿意阅读的方式。在这

个过程中,不可避免的是材料会被过度简化。其他观点将不被考虑,复杂情况将被忽略。遵循某建议可能产生的问题也不会被提及。如果事情真的如此,我们就会有一本教科书,或者更糟糕的是,一本百科全书,而且很少有人会读它(或者更重要的是,买它)。

自助书籍经常相互矛盾。大受欢迎的《我很好,你很好》建议我们按照个人的理性"成人"人格行事,避免依赖型"儿童"或批判型"父母"的模式。相比之下,基于嗜酒者互戒协会模式的康复传统的自助书籍告诉我们,我们是受害者,我们需要把自己的意志交给更高的力量。很明显,这些想法是相互矛盾的。

不要误会我的意思。这些书往往包含有用的信息,有时人们可以通过遵循他们的建议得到帮助。许多治疗师推荐自助书籍与治疗相结合,甚至代替治疗。而且有一些证据表明,当正确使用这些书籍时,它们是有帮助的(Ellis, 1993)。

但是,他们必会过度简化这一事实本身就意味着他们可能会产生误导。没有作者能够预测读者会遇到的所有情况,或者预料到读者会以无数种方式误解他们想要表达的东西。而听从建议的人如果不运用常识,或者不从明智的朋友或专业咨询师那里获得建议,就会受到伤害。

问题是,世界并不像自助书籍中所暗示的那样简单。一个人的问题的解决方案可能正是造成另一个人问题的原因。一个人可能过于理性,而没有顾及自己的感受;另一个人可能过于依赖情感,而没有充分使用自己的头脑。这就是为什么教科书通常会对任何现象做出如此复杂的解释,并且通常会讨论任何理论的利弊。

这里有一条大多数心理学家都会同意的规则:如果你认为已经找到了所有问题的答案,你有极大概率是错的。

练习:

从图书馆里拿一本自助书。将它与你课本中关于"动机"的章节进行比较。这本自助书是否对其主张进行了修饰,或者提出了在哪些特殊情况下是不合适的建议?

第十编

心理测试和智力

阿尔弗雷德·比奈（Alfred Binet, 1857—1911），法国实验心理学家、智力测验的创始人。1905年，他与西蒙编制了第一个诊断异常儿童智力的测验，即著名的“比奈—西蒙智力量表”。

每个人都是独一无二的，那心理学怎么能成为一门科学？

原则：科学研究的是个体有共同之处的事物。

一个关于人类的惊人事实是，我们每个人的基因都是独一无二的。除了同卵双胞胎，同胞兄弟姐妹拥有所有相同基因的概率非常小，基本上为零。即使是同卵双胞胎，他们共享所有相同的遗传物质，并有许多共同的环境，也有独特的经历。不知何故，许多人觉得这种独特的经历非常重要。心理学书籍中关于人格的章节经常强调每个人与其他个体的不同。

让我们接受一个事实：人类都是独一无二的。这是否令心理学不可能是一门科学？还是说心理学是一门特殊的科学，必须考虑到人类的独特性？

从心理学的角度来看，我们的独特性是否会影响到特定的科学目标，这才是问题所在。让我们回到生物学的角度来看看。尽管每个人类个体——除了罕见的同卵双胞胎——在基因上都是独一无二的，但今天的遗传科学正在蓬勃发展。例如，我们不断听到关于用改变基因来治疗遗传性疾病的新方法。遗传学家可以做这项工作的原因是，即使是独特的遗传物质，也是由所有个体中相同的简单成分组成的。

许多心理过程，如适应在弱光下看东西的能力、感知声源的方向、学习在一组字母中寻找元音等，在几乎所有的人身上都遵守同样的规律。在大多数情况下，心理学家认为心理过程在所有人身上的运作方式基本相同。人们认为，卷发的人和直发的人看东西的方式是一样的，深皮肤的人和浅皮肤的人听声音的方式是一样的。同样地，物理学家假设黑球或白球对重力的反应是一样的。

当然，人们在某些方面的差异确实会引起他们行为的差异。浅色皮

肤的人与深色皮肤的人相比,他们的视力确实有些不同,因为浅色皮肤的人眼睛里阻挡特定种类光线的某种色素较少。这并不令我们惊讶。我们只是发现了另一个维度,在对人的行为做出权威论断前必须考虑到这一点。物理学家在研究重力的影响时可能不会注意球的颜色,但如果她在研究球在热灯下升温的速度时,就会对球的颜色非常感兴趣。那么,球的颜色将是一个需要注意的重要问题。

到目前为止,我们所描述的科学方法通常被称为一般规律研究法(nomothetic),它强调普遍规律的功能。我们应该注意到,一些心理学家主张采用特例法(idiographic approach),即人类行为与个人的特殊生活史紧密联系在一起,以至于不可能采取一般规律研究法。特例法从个人的独特情况中寻找解释。这种方法在心理学领域,如社会心理学和人格心理学中最常被采用。

然而,一般规律研究法是否总是合适并不是重点。我们只是想论证,个人的独特性并不排除制定适用于所有人的一般行为法则。心理学书中的大部分内容都是基于这样的假设:尽管我们有独特性,但行为法则和遗传法则一样,适用于所有人。

练习:

想一想心理学中适用于所有个人的三个原则。

第40章

生物节律是如何工作的？

原则：控制人类行为的生物过程受制于可变性。

生物节律理论说,人类的行为是由三个周期的相互作用所控制的:23 天的雄性或身体的周期;28 天的雌性或情感的周期;31 天的智力周期。在这三个周期中,在周期的上半部分表现最好,在下半部分表现最差。然而,一个周期由正面转负面的日子被认为是关键的日子。因为两个或三个周期有时会重叠,所以可能会有双倍或三倍的关键日,以及两个或三个周期同时为正面或负面的日子(Hines, 1979)。

可以说,整个生物节律理论的概念是伪科学。身体和情感周期是威廉·弗里斯(Wilhelm Filess)根据数字命理学而不是根据科学证据得出来的(Gardner,1981),智力周期是后来加入的。虽然生物节律理论已经流行了很多年,但科学测试并没有证实它(Hines,1979)。尽管如此,它仍然在那些对轶事而不是科学证据感兴趣的人群中流行。

我们需要注意将生物节律(biorhythms)与生物周期(biological rhythms;也称为时间生物学,chronobiology)区分开来。前者是一门伪科学,而后者则是一个真正科学的蓬勃发展的领域。众所周知,在生物系统中存在着许多不同的节律,包括人类。我们熟悉每天的睡眠和觉醒周期以及大约 28 天的月经周期。此外,身体的一系列器官和系统都有周期,包括心率、体温、泌尿等。当我们经历时差时,这些周期就会变得不正常,这时我们感觉到的部分痛苦是各种周期以不同的速度重新调整到新的时区的结果。因此,当我们的肾脏工作得最辛苦时,我们可能很清醒,不饿,也不流泪。我们并不是在质疑生物周期的正确性。

那么,为什么我们如此反对生物节律?难道说没有证据证明它们的存在还不够吗?生物节律理论之所以特别具有误导性是它与占星术的

一些特性相同,而占星术本质上是一种巫术系统(见第41章)。与占星术一样,出生日期是关键。占星术强调的是在出生时行星所处的位置。生物节律理论则声称,出生时应该就会触发三个生物周期。

诚然,出生的那一刻对婴儿来说是相当关键的,但没有特别的理由认为这三个生物周期会在出生时被触发。为什么不是出生之前呢?为什么不是在第一个日出时?

但更有说服力的是,所有的生物过程都有一定程度的可变性。事实上,我们熟悉的睡眠—觉醒周期在生物学上被称为昼夜节律。昼夜节律这个词的希腊词根是指"大约一天"。许多实验表明,被剥夺了一天中实际时间线索的人类和动物的睡眠—觉醒周期将倾向于运行25小时或更长时间(Wever,1979)。此外,女性很清楚,月经周期并不完全是28天。

更重要的是,依靠出生日期作为计算生物节律的基础,表明这一理论是伪科学。实际的生物节律可以通过物理手段测量。没有测量生物节律的物理手段(因此也没有其作用的物理基础)是巫术的一个主要特征。对实际生物节律的测量结果表明,它们在不同的周期有一定的差异。

练习:

假设通过大脑活动测量的警觉状态,在一个大约90分钟的周期内变化。你将怎样检验下面的假设:某人在警觉周期的某个特定阶段比其他阶段会犯更多错误?这与测试生物节律对人的表现的影响有什么不同?

第十一编

人格和异常人格

雷蒙德·卡特尔（Raymond Bernard Cattell,1905—1998），美国心理学家，最早应用因素分析法研究人格。他推进了美国心理学的机能主义运动，编制的“16种人格因素测验”应用十分广泛。

第41章

占星术怎么样?

原则：如果一门科学分支不与其他科学分支进行理论上的联系，那么它基本上是伪科学。

占星术是最广泛流传的伪心理学之一。大多数人都知道自己的星座,许多日报都有占星专栏,询问别人的星座是一种常见的聊天开场白。但是科学家们几乎普遍认为它是伪科学。

占星术是一门伪科学的原因有很多(Bok & Jerome, 1975)。首先,它的星图和预测数千年来都没有变化——尽管我们对天体的认识有了巨大的进步。甚至该系统所依据的星星的位置在这段时间也发生了变化。因此,那些认为自己是摩羯座的人其实是水瓶座!因此,占星术不符合科学的一个重要标准:它是持续变化的(见第31章)。

另一个原因是,占星术所预测的结果已经被测试过了,并不准确。对出生在不同星座的人的个性、成就和其他特质进行大量的测试,但始终未能证实占星术的预测。

但我们在这一节要强调的一点是,占星术的理论概念与科学没有任何联系。科学家认为,科学具有统一性:各种科学只是一门大科学的子集或分支。一门科学分支的概念应该与其他分支的概念建立联系。

但占星术的概念与其他科学没有任何联系。思考一下天体对人类行为产生影响的观点。科学家对此马上就会问"这些影响是什么形式?""它们是由什么物理能量组成的?"当我们提出这个问题时,我们可能会想到两个可能的潜在影响因素:引力和电磁力。很容易计算出,婴儿出生时从产房里的人身上发出的引力远远超过行星的引力。同样地,来自产床上方灯泡的电磁力也大大超过了来自天体的电磁力。因此,可以想象,已知的物理力量不可能对婴儿产生任何可测量的影响。

也没有任何已知的方法可以使引力或电磁力对婴儿产生占星术所

声称的那种影响。因此,占星术未能与任何已知的物理学、生理学或心理学原理联系起来,它只是自圆其说罢了。

练习:

心理学与其他科学有什么关系?在你的课本中寻找心理学与生物学、人类学和社会学之间的联系。

为什么心理学家不能预测谁会实施暴力犯罪？

原则：预测往往是有概率性的。

在1988年的美国总统竞选中，乔治·布什的支持者利用臭名昭著的“威利·霍顿”广告协助击败迈克尔·杜卡基斯。威利·霍顿（Willie Horton）在马萨诸塞州的一所监狱服刑期间利用假释时强奸了一名妇女，在那里他曾因谋杀罪服刑，而杜卡基斯是该州的州长。我们可以肯定，威利·霍顿在出狱假释时已被判定不太可能再犯罪。

这一事件生动地说明了预测谁会和谁不会实施暴力行为的问题。在一个又一个的法律诉讼中，心理学家和精神病学家被要求证明一个人是否有可能再次犯罪。我们经常发现，一方的心理学家作证说这个人是无害的，而另一方的心理学家作证说他是另一个伺机而动的威利·霍顿。如果心理学家在如此重要的问题上都不能达成一致，心理学怎么可能是科学的？

不幸的是，这个问题的答案是，我们可能永远无法准确预测谁会犯下暴力罪行，而谁不会。人类行为是由太多的变量因素共同造成的，在任何一种情况下都无法准确预测。我们在一定程度上知道人口中百分之几的人将会犯下谋杀罪。我们可以通过考虑人口统计学变量，如年龄、性别、教育程度、收入水平和其他因素来大大改善预测结果。但是，对于单个案件来说，预测的确定性会大大降低。

这种情况与预测天气相当相似。我们知道一个特定地点的平均天气。我们可以合理地预测未来几天下雨的可能性。但是当我们要预测一个月后会发生什么时，我们并不能比预测历史平均水平的成功率高出多少。只是有太多的变量影响是否会下雨。美国气象局需要使用算力强大的巨型计算机和大量的数据来预测第二天的天气（而且现今的天气预测要比 50 年前可靠得多)。但气象学家仍然需要用概率来进行预测,这仅仅是因为天气系统的巨大复杂性。

尽管这可能不尽如人意,但在许多情况下这是我们能做的最好的办法。医生必须根据概率来建议病人是否接受一个有风险的手术。政府机构根据概率模型作出关于经济的重要决策。要求心理学做得更好,无异于奢望。

练习:

想一想,下列学科中存在的只能依据概率来预测的现象:地质学、遗传学、原子物理学。

第43章

我母亲去看心理医生，但一点帮助都没有！

原则：人们对某些单独的案例看得太重，而对总体统计数据看得不够。这种倾向被称为基础比率谬误(the base rate fallacy)。

以下情况可能发生在每个刚买了新车的人身上。你认识的某人走过来说:“我想买一辆新车。你喜欢你的新车吗?”其实你的朋友可能真的想知道你为什么买了一辆几乎写满了“移动傻瓜”的车。但通常情况下,这个人是真的想对这个特定的新车型形成自己的意见。

心理学家发现(Nisbett, Borgida, Crandall, & Reed, 1976),一般人倾向于相信个体数据而不是基于大量案例的综合数据。在买车的情况下,我们更相信我们的朋友的意见,他甚至可能对汽车一无所知,而不是《消费者报告》中对许多车主的数据的仔细分析。我甚至遇到过完全陌生的人拦住我,问我喜欢我的车吗?

造成这种现象的一个原因当然是单例所能表达的生动性。我们可以看到我们的朋友站在我们面前吹嘘她的新车,她的脸上、手势和语气中都流露出喜悦。相比之下,《消费者报告》或《汽车潮流》的页面则显得有些苍白无力。个别案例的生动性正是美国总统在国情咨文中宣读受其行为影响的个人来信的原因,也是我在本书中用故事来说明我的观点的原因。我们记住了故事,并且比起干巴巴的统计数据,我们更容易被故事所影响,因为它们是有生命的。

关于我们倾向于受个人经验的影响这件事,是有充分理由的。想象一下,一群饥饿的更新世时期(Pleistocene)的狩猎采集者遇到了一只他们从未见过的黄灿灿的蛙。其中一个人拿起它,咬了一口,然后迅速倒地死亡。站在周围的人把这一次的经历记在心里,再也不碰黄色的蛙了,他们比那些直到调查了“部落有多少人曾经吃过黄蛙而死亡”前一直

保持开放态度的人更有可能成为我们的祖先。因此，我们预先倾向于注意到不寻常的事件，并在没有总体统计数据或可重复观察的情况下根据它们得出结论：一朝被蛇咬，十年怕井绳。

这种普遍有益的趋势的一个副作用是，我们经常根据个别数据得出一般性结论。我们并没有进化到生活在一个随处都有电脑数据库的技术世界。

因此，当教授和其他人试图说服我们相信一些与我们自己的经验不相符的心理学事实时，我们往往持怀疑态度。要把我们的观察放在一个科学的背景下需要一些努力。但克服我们从个别案例中得出结论的倾向，将使我们成为更好的科学家以及更好的汽车购买者和心理服务的购买者。

你母亲应该阅读有关心理治疗有效性的文献，她会发现治疗大体上是有效的，但个人因素在某种程度上会影响特定个体是否能从特定的治疗中受益。

练习：

你的家人常驾驶某种品牌的汽车吗？这种偏好在多大程度上取决于关于安全性和其他性能因素的基本信息？它在多大程度上取决于个人的经验，比如“乔叔叔曾经拥有一辆‘Whizzer’牌的车，它每隔一周就会被送去修理厂”。

第44章

为什么心理学家回避重要问题?

原则:科学是用来解决那些能够回答问题的。

“世人算什么,你竟眷顾他?”

——《圣经旧约》第8篇

“人最终追求什么?”

——库尔特·冯内古特

我曾经邀请一位超心理学的学者在我的伪心理学讲座中做客座报告。他在讲座一开始就问全班同学:“你们中有多少人关心生命的意义?”许多人举起了手。他继续说:“心理学家们忽视了意义、精神、终极价值的问题。而超心理学试图从科学的角度研究这些重要的问题。”我的一些学生听到这句话后明显兴奋起来,他们听到了从课程开始就一直在等待的东西。另一些学生则用眼角的余光看着我,因为我在之前的讲座中已经涉及了这个问题。

我的客座嘉宾为我的学生生动地说明了“超心理学是伪科学”的一个原因:科学只处理那些有实证答案的问题——那些我们提出来的问题可以通过一些客观的证据来回答。

有些问题无法回答,因为它们涉及价值判断。人的本性是善还是恶?生命的意义是什么?关于什么是善,什么是恶,有太多的意见分歧。还有一些问题无法回答,因为我们现在还没有技术能力来回答这些问题。计算机能否很好地模仿人类的思维,并具有人的意识?

有人说,科学大多能回答的是不重要的问题,而不是不能回答的重要问题。科学家们致力于解决那些他们可以提出似乎有经验答案的问题,对于这些问题他们有工具,而且他们认为可以在这些问题上取得一些进展。他们大多忽略了其余的部分,不是因为这些问题不重要,而是因为作为科学家他们对这些问题缺乏深入研究。这些问题要留给哲学家、神学家、艺术家和其他人去处理。

因为我在本章开始时提出了伪科学的问题,所以我需要说,当哲学家和其他人讨论更大的生活问题时,他们不一定就是从事伪科学;他们

是在进行哲学、神学、艺术等的探索。伪科学是指人们试图用科学的方法来处理不适合用科学解决的问题。我的嘉宾是一个伪科学家，因为他试图将科学的方法用于科学无法回答的问题。伪科学的表现之一是，在所谓被研究的概念和用来研究它们的方法之间存在着巨大的差距。例如，你怎么能测量生命的意义或星际生物的存在？科学问题有可以测量的答案。这种药物对脑波活动或对某种神经突触释放的化学递质有什么影响？

当然，对于哪些问题可以回答，哪些问题不能回答，以及一项新技术是否给我们提供了以前无法回答的问题的基础，个别科学家有不同的看法。因此，我们对什么是科学，什么是伪科学也存在分歧。有些研究领域，如关于改变意识状态的工作，是科学和伪科学的混合体。

但是你可能会徒劳地等待心理学导师能花很多时间在某些你非常感兴趣的问题上，因为这些问题不是科学所要回答的问题。另一方面，我也希望你的导师教授给你很多有趣的知识。

练习：

以下哪些问题是科学问题？

1. 人们在什么情况下会表现出偏见？

2. 歧视与我们不一样的人是否符合社会期望？

3. 对死后的生命的信仰是哪些心理作用？

4. 死后有生命吗？

（答案：1 和 3）

为什么有那么多罪犯因精神病而免罪？

原则：我们对事件发生频率的认识，部分是基于它们的相对突出性。

1994年1月，承认用菜刀割掉丈夫阴茎的罗瑞娜·博比特（Lorena Bobbitt）因暂时性精神失常而被宣判无罪。大约十年前，即1982年，刺杀罗纳德·里根总统的刺客约翰·欣克利（John Hinckley）因精神失常而被认定无罪，并被送入精神病院而不是监狱。这只是其中两起备受瞩目的案件，在这些案件中，被告利用精神病的辩护理由，避免了被关进监狱。

在我们进一步讨论之前，我们需要注意的是，精神失常并不是一种心理学或精神病学术语，而是一个法律术语。心理学家可能会判断一个人有精神分裂症，或抑郁症，或偏执狂，但不会判定精神失常。多年来，精神失常的概念已经发展成为法律系统处理那些不能对其行为负责的人的一种方式。虽然考虑了心理学上的因素，但这个概念基本上是法律上的。最新版本的精神失常辩护被称为"美国法律协会规则"（American Law Institute，1985）中说：

> 如果某人犯罪是由于心理疾病或者缺陷而不能评价行为的刑事性（错误性）或确认行为的合法性，就无需对犯罪行为负责……术语"心理疾病或能力缺陷"不包括只表现的重复犯罪或其他反社会行为中的行为异常。（Part 1, Article 4, Section 401, p. 61-62）

因此，被宣布为法律上的精神失常并不等同于这个人具有精神健康问题。被诊断为患有精神疾病的人比被判定为精神失常的人多得多。此外，一个人可以有不同程度的精神疾病，但这个人要么是精神正常的，

要么是精神失常的,就像他或她是有罪或无罪一样。

许多人认为,精神失常辩护被使用得太频繁了,大量有罪的人逍遥法外。情况是这样吗?

事实证明,精神失常辩护实际上很少被使用,大约在 200 至 5000 次逮捕中被使用 1 次,这取决于不同的地区(Blau, McGinley, & Pasewark, 1993)。让我们把 0.5%作为这个范围的上限。这远比大多数人想象的情况要少。

而这一数字并不意味着辩护成功。大约 10%的精神失常辩护是成功的。因此,似乎只有不到 0.01%的犯罪嫌疑人因精神失常而获释。

那么,为什么我们普遍认为精神失常的辩护被频繁使用呢?原因是,我们对事件发生频率的印象部分取决于它们对我们来说有多明显,或多突出。当罗瑞娜·博比特或约翰·欣克利因精神失常而被宣布无罪时,我们会给予很大的关注,因为他们犯下的罪行是如此令人发指。我们甚至可能没有听说过其他数以千计的未作精神失常辩护的案件。

即使辩护不成功,我们似乎也不会把这个事实纳入我们的非正式概率计算中。有多少人记得杰夫雷·达默(Jeffrey Dahmer)的精神失常辩护未获成功?(连环杀手很少能以精神失常为由辩护成功。)

事件的不同显著性(事情突出的程度或引起我们注意的程度)导致我们产生一些相当奇怪的信念。许多人不会坐飞机,因为他们认为这是不安全的,尽管按每英里计算,飞行比驾驶汽车要安全得多。原因很简单。当飞机坠毁时,它就会成为新闻,但车祸却很少得到同样的关注。事实是,在美国,每天都有相当于一飞机的人死于车祸。但他们的死亡人数是一个、两个、三个，而不是成百上千，所以上不了新闻。其结果是，我们对飞机与汽车的相对安全性有了一个偏颇的认识。

我有个朋友总是把他的假期安排在月圆之夜。他认为那时的天气总是更好。相信我！事实并非如此。（或者我应该说，我不知道有任何证据表明月亮会影响天气，尽管我一直在寻找它。）如果你想想好天气和满月的组合与坏天气和满月的组合相比，其显著性是不同的，你就会明白他错误的信念的基础。我们都曾在晴朗的夜空下仰望过满月，并感慨于月夜之美。有多少人曾经仰望阴云密布、风雨飘零的夜空，并感慨："嘿，对于满月来说，这是一个多么糟糕的夜晚！"

即使是一个晴朗的、没有月亮的夜晚也不会有同样的印象，因为我们不会说："嘿，弗雷德，多么美丽的夜晚，却没有月亮！"因此，在所有的组合中——满月/晴空，满月/阴天，无月/晴空，无月/阴天——唯一能让我们印象深刻的是满月/晴空。因此，由于它更突出，我们倾向于将满月与好天气联系起来。

练习：

1. 说明不同的显著性如何解释人们普遍认为更多的犯罪、精神崩溃、分娩等发生在月圆之夜的原因。

2. 说明相对显著性是如何解释关于犯罪率的种族成见的。

第十二编

社会心理学

阿尔伯特·班杜拉（Albert Bandura, 1925—2021），美国心理学家，社会学习理论的奠基者。他认为来源于直接经验的一切学习现象实际上都可以依赖观察学习而发生，其中替代性强化是影响学习的一个重要因素。

第46章

为什么心理学家如此信奉自由主义？

原则：基本的归因错误导致人们低估了情境在决定行为方面的重要性。

这是真的——至少在我的经验中是这样:心理学家比普通人甚至其他大学教授更信奉自由主义。可以肯定的是,我知道有些心理学家投票给共和党,开美国车,但我认识的普通心理学家往往是相对自由主义的。这可能有很多原因。首先,作为一门改善人们福祉的职业,心理学往往会吸引那些想要改善同伴命运的人。

但是,心理学家倾向于更自由的一个原因可能是,他们意识到了我们思考方式中的某些偏见,这些偏见导致人们低估了情境在决定行为方面的重要性。已经多次证明,我们倾向于跳出结论,认为一个人的行为反映了永久的个性特征,而不是特定的情境需求。

请试想以下情况。一个丈夫早上皱着眉头下楼来,问道:“我有干净的衬衣吗?”

“你可以到楼下的洗衣房去找,”他的妻子冷冷地回答道。

“怎么了?你在早上总是脾气暴躁?”

“只是因为你又把你的脏衬衣留在地板上。你从来都懒得把它放到脏衣篓里。”

“那是因为脏衣篓在地下室里。你总是把它放在那儿。如果没有脏衣篓,我怎么能把我的脏衣服放好?”

诸如此类。

你可以看到,这对假想夫妻的双方都把自己的行为归因于情境(伴侣的挑衅),但把伴侣的行为归因于他们稳定的内部(个性)特征。自然,这是一种无休止纷争的基本模式。

在对他人行为的原因进行归因时,这种低估情境的重要性和高估永

久特征的重要性的倾向被称为基本归因错误(fundamental attribution error;Ross,1977)。当我们在通行途中因故拦车时,我们倾向于为自己的行为找借口,说我们迟到了,或者是被环境所迫;当有人拦停我们时,我们就会认为他或她是个无能的人,或者是个有坏习惯的司机。

事实上,在很多情况下,我们不知道某人为什么要做某事,也不知道是情境还是人的问题。此外,有些时候,情境和人都会相互作用,导致行为的发生。你可能听过一个气急败坏的人说:"这足以让一个传教士骂人!"通常情况下,我们希望传教士能做到清正廉洁,但我们意识到每个人都有自己的局限。

我经常驾驶的一条道路上有一个急转弯,若干年来,汽车经常冲出道路,撞向紧靠人行道的一家商店。最后,市政府决定对此采取一些措施。他们所做的是在人行道和商店之间建立了一个坚固的混凝土屏障,以确保汽车会撞上屏障而不是商店。没过多久,障碍物就被汽车撞出的凹痕、油漆和橡胶毁坏。值得注意的是,该市没有竖立"危险,前方急转弯"的路牌,也没有放置反光箭头,来帮助车辆避免危险。

这个基本归因错误的例子是典型的"指责受害者"归因模式。市政府可以把车祸归咎于不安全的路况,也可以归咎于在弯曲的道路上行驶过快的司机。通过建造障碍物,该市的工程师明显地将车祸归咎于司机,而不是路况。毕竟,我们可以听到他们的理由,成千上万的人经过这个地方而没有撞车,这显然是司机的错。但有人会说,那些撞车的司机开了几千英里都没有撞到任何东西,肯定是道路的问题。

这只是关于汽车安全的争论不休的一个例子。几十年来,汽车行业一直抵制政府规定的安全装置，认为汽车事故是由“驾驶座上的难对付的人”造成的。然而，多年来，随着越来越多的安全功能被添加到汽车上，道路也按照更严格的安全标准建造，事故发生率已经大幅下降。根据《世界年鉴》(1994年)，1970年至1992年间，人均机动车死亡率下降了41%。但很难将这种下降完全归因于司机的变化。

在写这篇文章时，美国国会正在辩论一项刑事法案。自由派和保守派激烈地争论将资金用于预防犯罪和建造监狱来关押罪犯的相对利弊。每个人都应该知道，犯罪是由个体和情境在内的多种原因共同引发的。我们无法确定的是，犯罪率到底有多大比例是由某个原因造成的。鉴于这种情况，难怪那些善意的人们会得出不同的结论。也难怪那些熟悉基本归因错误的人，会比其他人更倾向于犯罪的情境性原因。因此，也难怪心理学家比普通人更信奉自由主义。

练习：

说明对贫困原因的不同理解可能受到基本归因错误的影响。

第47章

心理学解释往往与常识相悖！

原则：大多数问题都有一个明显但错误的简单答案和一个反直觉但正确的复杂答案。

学生们经常对一些现象的心理学解释感到沮丧，因为对他们来说，事实似乎非常简单和明显。（请注意，这恰恰与第23章所讨论的反对意见相反，即心理学往往是普通的。但不同的人可以有不同的反对意见，我们经常在不知不觉中同时持有矛盾的意见。）

一个例子说明了心理学似乎是在胡说八道，那就是我们处理攻击性话题的方式。对许多人来说，很明显，人们有攻击性的本能，直到它们必须被释放出来。一个人工作不顺心回到家里，通过与家人争吵等来发泄他的攻击性，这是一个熟悉的场面。我们说我们需要“发泄出来”。

对攻击的本能观点非常普遍，亚里士多德、西格蒙德·弗洛伊德、康拉德·洛伦茨和安·兰德斯以及其他杰出的思想家都至少有部分相同的观点。根据弗洛伊德和洛伦茨的观点，人们的攻击性本能就像锅炉中的压力一样不断积累，必须以某种方式释放出来。首选的方式是通过无害性的替代活动，即所谓的宣泄、重新定向、发泄或花掉多余精力。因此，运动、戏剧等，都应该是战争、虐待等的替代物。你可以理解为什么本能观点有时被称为液压模型。宣泄性的活动在系统爆炸之前就把压力排掉了。

这个理论有很大的直观吸引力。唯一的问题是，情况要复杂得多。我们将只提到其中的几个问题。首先，几乎没有证据表明，攻击性的十恶不赦会随着时间的推移而自然积累起来（这是液压理论的核心）。被剥夺了攻击性行为机会的人不会变得越来越危险。

其次，释放攻击性倾向无害的结果是宣泄这一观点，也非常值得怀疑。有相当多的证据表明，在特定情况下，采取攻击性行为或观看攻击

性行为实际上会增加攻击性。例如，许多国家在体育赛事中经常爆发骚乱。举一个我个人的例子，当有人在行车途中拦停我时，我和许多人一样感到恼火。我注意到，如果我通过攻击性的语言、手势或行动来表达我的愤怒，这比我保持沉默更让我生气。

研究表明，在某些情况下，表达攻击性想法是一种宣泄，而在其他情况下，它实际上增加了攻击性。这种情况相当复杂，并未完全弄清楚，但这正是我要说的。有相当多的证据表明，攻击性是由外部挑衅引起的，如威胁和挫折，而不是由内部引起的本能。也有证据表明，人们从观察其他人发现攻击性行为往往让自己得逞，从而学习到攻击性行为，等等。任何一本心理学入门书籍都会对攻击性的内涵和外延进行讨论。这是一个复杂的话题，就像心理学处理的许多事情一样。

乍一看，心理学家似乎是在胡说八道。但是当所有的事情都被考虑到时，情况开始变得有意义了，即使它并不像我们希望的那样简单。

练习：

回忆一件你过去有强烈的看法，但后来你才明白，这比你当时想象的要复杂的事情。

第48章

我不相信进化心理学，因为它为一夫多妻制辩护

原则：从科学理论或数据中得出价值判断是犯了自然主义谬误，即混淆了“是”与“应该”。

进化心理学(evolutionary psychology,EP)是心理学的一个相对较新的分支,它试图从进化的角度理解行为。进化心理学的一个关键观点是,能够增加生物体将其基因传给下一代的机会的行为将受到自然选择和性别选择的青睐。进化心理学家感兴趣的领域之一是繁殖策略。我们来看一下人类的繁殖,人类的女性,像许多物种的雌性一样,在繁衍后代方面投入的时间较多。一个女人每年最多只能生一个孩子,除非是多胎。而一个男人能繁衍更多的孩子,主要受限于接触到的育龄妇女的数量。当一个女人怀孕时,她就不能作为男人的繁殖资源了(也就是说,作为生殖后代的手段)。因此,对男人来说,有生育能力的女人是一种稀缺资源;相反,对女人来说,有生育能力的男人是一种丰富的资源。

这种逻辑预测,自然选择应该精心设计使女性在选择性伴侣时比男性更严格。而男性除了不那么挑剔之外,还更加滥交,以找到值得争夺的女性。这些预测通常都得到了证实,它们与许多动物物种的研究结果相似。学生们经常反对进化心理学的这些推断,认为它们似乎为不道德的、放荡的或至少是为政治上不正确的行为提供了理由。

现在,进化心理学的确预测男人会比女人更滥交,但进化心理学并不是为这一事实辩护。从预测滥交到证明滥交是犯了自然主义的谬误。简而言之,自然主义谬误是指从"是"到"应该",从事实到价值判断的争论(Taylor,1975)。

举几个简单的例子。进化理论预言,寄生虫会使我们生病,杂草会挤占庄稼,老鼠会吃掉储存的玉米,白蚁会破坏房屋,等等。尽管如此,

我们在试图消除疾病和瘟疫方面没有任何道德问题。

自然主义的谬误非常普遍。我们有一种强烈的倾向，认为"是"意味着"应该"。詹姆斯·弗里德里希(James Friedrich,1989)做了一个实验，被试阅读了一些研究的结果，例如，广告影响了儿童对垃圾食品的消费这一研究结果。后来，被试倾向于同意"研究发现对儿童的垃圾食品广告应该受到限制"这一观点，但在他们阅读的研究描述中没有这样的结论。

练习：

说明自然主义谬误如何导致对性行为调查、欺骗所得税等的误用。

我不相信进化心理学，因为大多数时候我们并不是要传承我们的基因

原则：行为的成因并不总是在意识的层面上运作。

在我解释进化心理学预测，男性倾向选择外表看上去能生养的女性，而女性偏爱能养家的男人时，产生了这个议题。反对意见认为，大多数时候人们并不是像进化心理学预测的那样试图交配和传递他们的基因；他们只是在约会、社交或干其他事。

我们可以承认，人们有意识地考虑把自己的基因传给别人的频率远远低于他们考虑找乐子、与人交往等的频率。但是，任何有助于我们将基因传给下一代的特征都会受到自然选择的青睐，无论我们想达到什么目的，如果有的话。我们发现生育能力的迹象，如年轻、健康和活力等具有吸引力，只是因为过去这样做的人留下了更多的后代。相比之下，喜欢绝经后的妇女作为浪漫伴侣的男人并没有成为任何人的祖先。因此，进化心理学不仅限于预测交配行为本身，而且还预测人们会发现他人身上有哪些属性是有吸引力的。这些属性将影响约会伙伴的选择，以及我们在许多其他社交场合的行为。

我的提问者似乎有这样的误解：行为的原因必须在意识的层面上运作——我们必须意识到我们为什么要做一些事情，比如与一个有吸引力的人调情。的确，我们经常意识到我们为什么要做某事，或者认为我们应该这样做。你可能有过这样的经历：到你的卧室去拿一件需要洗的衣服，然后忘记了你为什么去那里。你可能会停下来，挠挠头，说："我为什么要来这里？——哦！我是要来洗衣服的！"

许多心理学理论赋予意识以重要的作用，而且是恰当的作用。例如，第 47 章讨论过的归因理论，可能在你的课本中也有涉及，它涉及我们如何有意识地思考人们行为的原因。这毫无疑问。

但至少从弗洛伊德时代开始，我们就知道，我们经常不自觉地意识到我们为什么要做这些事情。这样的例子比比皆是，但弗洛伊德式的失误是我们都熟悉的。事实是，我们大量的认知过程是在一个完全没有意识的层面上进行的。例如，我们完全不知道我们是如何记住一些东西的，比如母亲的婚前姓名或"美国国歌"的歌词。事情只是在我们记得它们时突然出现在我们的意识中（如果我们记得的话）。就进化心理学而言，它只是预测我们会发现异性的哪些性格特征具有吸引力。它没有说我们关于这些选择的有意识的想法。

我们偏好的原因对我们来说往往是完全神秘的。我们也许能够详细描述一个有吸引力的人的特征，但我们将完全不知道为什么这些特征会让我们如此着迷。如果我们尝试，我们就会开始绕圈子。"他很可爱，因为他有这样的波浪形头发。""波浪形头发有什么好的？""嗯，因为波浪形的头发很好。"事实是，我们没有直接的洞察力来了解为什么这些东西会吸引我们。它们就是这样，因为这些偏好促进了我们祖先的繁殖成功。

练习：

1. 查阅心理学课本中关于社会心理学的章节，找出 2 个在意识层面解释行为的理论，再找出 2 个不涉及人的意识的行为理论。

2. 思考我们很喜欢的一些事物如何在遥远的过去增强人们成功繁殖后代的可能性。

参考文献

AMERICAN LAW INSTITUTE. (1985). *Model penal code*. Philadelphia: Author.

BEM, D. J., & HONORTON, C. (1994). Does Psi exist? Replicable evidence for an anomalous process of information transfer. *Psychological Bulletin*, *115*, 4-18.

BEYERSTEIN, B. L. (1999). Whence cometh the myth that we use only 10% of our brains? In Sergio Della Sala (Ed.), *Mind myths: Exploring popular assumptions about the mind and brain*. Chichester, England: John Wiley & Sons, pp. 3-24.

BLAU, G. L., MCGINLEY, H., & PASEWARK, R. (1993). Understanding the use of the insanity defense. *Journal of Clinical Psychology*, *49*, 435-440.

BOK, B. J., & JEROME, L. E. (1975). *Objections to astronomy*. Buffalo, NY: Prometheus Books. [Also published in *The Humanist*, *35*(*5*), 1975.]

BROOKFIELD, S. D. (1987). *Developing critical thinkers: Challenging adults to explore alternative ways of thinking and acting*. San Francisco: Jossey-Bass.

BUSCAGLIA, L. (1992). *Born for love*. New York: Ballantine.

CEDERBLOM, J., & PAULSEN, D. W. (1986). *Critical reasoning* (2nd ed.). Belmont, CA: Wadsworth.

COLLINGS, V. B. (1974). Human taste response as a function of locus of stimulation on the tongue and soft palate. *Perception and Psychophysics*, *16*, 169-174.

DIACONIS, P., & MOSTELLER, F. (1989). Methods for studying coincidences. *Journal of the American Statistical Association*, *84*, 853-861.

ELLIS, A. (1993). The advantages and disadvantages of self-help therapy materials. *Professional Psychology: Research and Practice*, *24*, 335-339.

FOREWARD, S., & BUCK, C. (1992). *Obsessive love: When it hurts too much to let go.* New York: Bantam.

FRIEDRICH, J. (1989). Drawing moral inferences from descriptive science: The impact of attitudes on naturalistic fallacy errors. *Personality and Social Psychology Bulletin*, *15*, 414–425.

GARDNER, M. (1976). *The incredible Dr. Matrix.* New York: Scribners.

GARDNER, M. (1981). *Science: Good, bad, and bogus.* Buffalo, NY: Prometheus.

GERGEN, K. G. (1994). Exploring the postmodern: Perils or potentials? *American Psychologist*, *49*, 412–416.

GIGERENZER, G. (2000). *Adaptive thinking: Rationality in the real world.* New York: Oxford University Press.

GROSS, P. R., & LEVITT, N. (1994). *Higher superstition: The academic left and its quarrels with science.* Baltimore: Johns Hopkins University Press.

HEFFERLINE, R. F., KEENAN, B., & HARFORD, R. A. (1959). Escape and avoidance conditioning in human subjects without their observation of the response. *Science*, *130*, 1338–1339.

HERGENHAHN, B. R. (2001). *An introduction to the history of psychology* (4th ed.). Belmont, CA: Wadsworth.

HINES, T. M. (1979). Biorhythm theory: A critical review. *The Skeptical Inquirer*, *3*(*4*), 26–36.

KEY, W. B. (1973). *Subliminal seduction.* Englewood Cliffs, NJ: Prentice-Hall.

LILIENFELD, S. O., & MARINO, L. (1995). Mental disorder as a Roschian concept: A critique of Wakefield's "Harmful Dysfunction" analysis. *Journal of Abnormal Psychology*, *104*, 411–420.

MACMILLAN, M. B. (1986). A wonderful journey through skull and brains: The travels of Mr. Gage's tamping iron. *Brain and Cognition*, *5*(*1*), 67–107.

MCPECK, J. E. (1990). *Teaching critical thinking: Dialogue and dialectic.* New York: Routledge.

MILGRAM, S., & SABINI, J. (1978). On maintaining social norms: A field experiment in the subway. In A. Baum, J. E. Singer, & S. Valins (Eds.), *Advances in environmental psychology; Vol. 1: The urban environment.* Hillsdale, NJ: Erlbaum, pp. 31-40.

MILTON, J., WISEMAN, R. (1999). Does psi exist? Lack of replication of an anomalous process of information transfer. *Psychological Bulletin, 125*, 387-391.

MOOK, D. G. (1983). In defense of external invalidity. *American Psychologist, 38*, 379-387.

MYERS, D. (1992/1995/2001). *Psychology* (3rd ed./4th ed./5th ed.). New York: Worth.

NISBETT, R. E., BORGIDA, E., CRANDALL, R., & REED, H. (1976). Popular induction: Information is not necessarily informative. In J. S. Carroll & J. W. Payne (Eds.), *Cognition and social behavior.* Hillsdale, NJ: Erlbaum, pp. 113-133.

NISBETT, R., & Ross, L. (1980). *Human inference: Strategies and shortcomings of social judgment.* Englewood Cliffs, NJ: Prentice-Hall.

PALFREMAN, J. (Director). (1993). Prisoners of silence. *Frontline* (FROL202). PBS Video. Boston: WGBH Educational Foundation.

PAUL, R. W., & NOSICH, G. M. (1991). *A proposal for the national assessment of higher-order thinking at the community college, college, and university levels.* Washington, DC: National Center for Education Statistics. U. S. Department of Education.

PAULOS, J. A. (1990). *Innumeracy: Mathematical illiteracy and its consequences.* New York: Random House.

PECK, M. S. (1978). *The road less traveled: A new psychology of love, traditional values, and spiritual growth.* New York: Simon & Schuster.

PUTHOFF, H. E., & TARG, R. (1974). Information transfer under conditions of sensory shielding. *Nature, 252*, 602-607.

RESNICK, L. B. (1987). *Education and learning to think.* Washington, DC: National Academy Press.

ROGERS, S. (1992-1993). How a publicity blitz created the myth of subliminal advertising. *Public Relations Quarterly* (Winter), 12-17.

ROSS, L. D. (1977). The intuitive psychologist and his shortcomings: Distortions in the

attribution process. In L. Berkowitz (Ed.), *Advances in experimental social psychology* (Vol. 10). New York: Academic Press, pp. 337–384.

SARDELLO, R. (1994). *Facing the world with soul.* New York: HarperCollins.

SCHAFFNER, P. E. (1985). Specious learning about reward and punishment. *Journal of Personality and Social Psychology*, *48*, 1377–1388.

SCOTT, J. P., & FULLER, J. L. (1974). *Dog behavior: The genetic basis.* Chicago: University of Chicago Press.

SEGER, C. A. (1994). Implicit learning. *Psychological Bulletin*, *115*, 163–196.

SLOVIC, P., & FISCHOFF, B. (1977). On the psychology of experimental surprises. *Journal of Experimental Psychology: Human Perception and Performance*, *3*, 544–551.

SNO, H. N., & LINSZEN, D. H. (1990). The déjà vu experience: Remembrance of things past? *American Journal of Psychiatry*, *147*, 1587–1595.

TAYLOR, P. W. (1975). *Principles of ethics: An introduction.* Encino, CA: Dickenson.

VAN FLEET, J. K. (1994). *The power within! Tap your inner force and program yourself for success.* Englewood Cliffs, NJ: Prentice-Hall.

VOKEY, J. R., & READ, J. D. (1985). Subliminal messages: Between the Devil and the media. *American Psychologist*, *40*, 1231–1239.

WEVER, R. A. (1979). *The circadian system of man.* New York: Springer-Verlag.

World almanac and book of facts. (1994). New York: Press Publishing.

WILSON, T. D., & NISBETT, R. E. (1978). The accuracy of verbal reports about the effects of stimuli on evaluations and behavior. *Social Psychology*, *41*, 118–131.